国家矿山公园口袋书

遂昌金矿

国家矿山公园

《遂昌金矿国家矿山公园》编委会
中国国土资源作家协会科普委员会 编

U0313710

中国建筑工业出版社

图书在版编目（CIP）数据

遂昌金矿国家矿山公园/《遂昌金矿国家矿山公园》
编委会，中国国土资源作家协会科普委员会编.—北京：
中国建筑工业出版社，2013.10
（国家矿山公园口袋书）
ISBN 978-7-112-15954-3

I. ①遂… II. ①遂… ②中… III. ①金矿床-国家
公园-介绍-遂昌县 IV. ①P618.510.625.54

中国版本图书馆CIP数据核字（2013）第235922号

责任编辑：唐 旭 杨 晓
责任校对：姜小莲 刘 钰

国家矿山公园口袋书
遂昌金矿国家矿山公园

《遂昌金矿国家矿山公园》编委会
中国国土资源作家协会科普委员会 编

＊

中国建筑工业出版社出版、发行（北京西郊百万庄）
各地新华书店、建筑书店经销
北京圣彩虹制版印刷技术有限公司制版
北京圣彩虹制版印刷技术有限公司印刷

＊

开本：787×960毫米 1/32 印张：3¾ 字数：110千字
2014年1月第一版 2014年1月第一次印刷
定价：38.00元
ISBN 978-7-112-15954-3
（24736）

策 划 人：李东禧　张　晶

主　　编：华治武　黄新燕

编 委 会：《遂昌金矿国家矿山公园》编委会

特约编辑：唐　旭

版面设计：大　威

五行遂昌　一诺千金

黄新燕

说来惭愧，直到2012年我才知道浙江有遂昌这个县域。

知道遂昌，是在国土资源部命名了遂昌矿山公园之后。于是我上网去查阅，关注和向往遂昌；于是我们共同做一册《国家矿山公园口袋书——遂昌金矿国家矿山公园》。

遂昌美城，乖巧地依偎着钱塘江、瓯江的源头，这里森林覆盖率达82.3%，拥有九龙山国家级自然保护区以及全国唯一以县级命名的森林公园——遂昌国家森林公园。这是"五行遂昌"中的"木"。遂昌县境有大小河流 610条，水力资源蕴藏量达40万千瓦，湖山温泉单口井出水量全省第一。这是"五行遂昌"中的"水"。遂昌有金、银、铜、铅、锌等金属矿和萤石、花岗岩等非金属矿30余种，金矿以其矿石品质高而被誉为"江南第一矿"。这是"五行遂昌"中的"金"。遂昌全县负氧离子每立方厘米含量达9100个，高出世界清新空气标准6倍以上。"山也清，水也清，人在山阴道上行，春云处处生"，400年前汤显祖笔下的诗句正是遂昌原生态环境的生动写照。休闲农业与乡村旅游在这块土地上如火如荼。这是"五行遂昌"中的"土"。遂昌王村口红军挺进师革命旧址群，令人加倍缅怀粟裕等老一辈革命家的丰功伟绩。这是"五行遂昌"中的"火"。

截止至2013年，国土资源部已批准3批计有72个国家矿山公园。遂昌当之无愧地首批被命名。

1976年，在王震副总理的关怀下，成立了浙江省遂昌金矿，从事金银矿的开采、冶炼。现代矿山集黄金生产与环境保护于一体，生态良好、景观优美，被誉为"江南第一矿"。它灿烂悠久的文化历史（汤显祖采矿遗址等）、民间传说（明代刘伯温探金脉、朱元璋金窟避难、刘基听泉、金银婆婆镇山守金等）和矿业开发历史（如唐代金窟、宋代金窟、明代金窟）相结合，已成为国家AAAA级旅游景区，是国家矿山公园家族中的佼佼者。

一诺千金，是这一届遂昌县委和县政府的理念，是管理者对公众、对社会应有的姿态和最优质的服务。我钦佩遂昌领导者的政治智慧和创新举措，也欣赏遂昌已获得全国首批旅游标准化示范县、全国休闲农业与乡村旅游示范县、中国十大县域旅游之星、中国旅游文化示范地、中国十大特色休闲基地、中国黄金之旅、中国绿色名县等"国字号"金名片。为此，我们共同精心策划和出版这本口袋书，欲将遂昌的文化和地学知识有机结合，告诉更多的人一个多姿多彩、随时欢迎您到来的遂昌。

目录

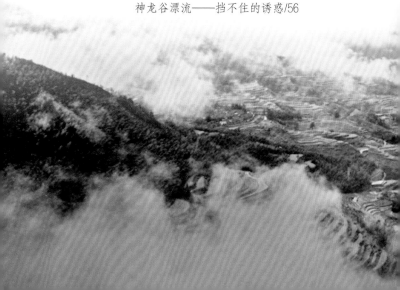

公园概况

　　遂昌金矿国家矿山公园是国家AAAA级旅游景区、全国唯一挂牌"中国黄金之旅"景区、省级爱国主义教育基地、青少年科普教育基地。

　　2005年7月，遂昌金矿国家矿山公园由国土资源部批准建设，2007年12月经国土资源部验收正式揭碑开园。公园占地面积6.3平方公里，主要包括综合服务区、黄金博物馆、矿业遗迹保护区、古代黄金冶炼展示区、现代黄金工业展示区、山水休闲观光区、地域特色文化展示区和沙里淘金、金砖浇铸、拥抱金砖等30多个景点，展示古代矿业文化、现代工业文明和丰富的黄金文化内涵。公园自然生态景观优美，区位优越，交通便利。距遂昌县城16公里、距杭州260公里、距温州170公里、距龙丽高速遂昌东（金矿）出口10公里。

遂昌金矿国家矿山公园地处浙江省遂昌县境内。遂昌县位于浙江省西南部，钱塘江、瓯江上游，东倚武义、松阳，南邻龙泉，西接江山和福建省浦城，北与衢江、龙游和金华毗连。遂昌距杭州约230公里，距上海约420公里，有龙丽高速经过。

遂昌县总面积2539平方公里，辖9镇11乡，人口22.5万，是一个典型的"九山半水半分田"的山区县，更是一个具有光荣革命历史的老根据地县。境内山清水秀，特产丰富，素有"浙南林海，遍地金银，云雾山茶，钱瓯两水"之称，是中国竹炭之乡、中国菊米之乡。全县有山林21.5万公顷，森林覆盖率达82.3%，是浙江省四大林区之一；全县大小河流610条，水力资源蕴藏量40万千瓦；有金、银、铜、铅、锌等金属矿和萤石、花岗岩等非金属矿30余种，遂昌金矿以其矿石品质高而被誉为"江南第一矿"，萤石储量居全省县（市）首位，品质全省第一。"三井毛峰"、"龙谷丽人"等具有高山云雾特色的名优茶及遂昌烤薯、石练菊米、竹木制品、黑陶等特色产品享誉海内外。

遂昌自然景观迷人，人文旅游资源非常丰富，有许多珍贵的人文遗迹，以汤显祖文化为主线，以生态文化为背景，以农耕文化、红色文化、黄金文化、竹炭文化、民俗文化等钱瓯地域文化为支撑，形成了"金木水火土"五行的特色旅游文化体系。得天独厚的生态环境使之享有"金山林海、仙县遂昌"以及"华东天然氧吧"、"长三角的后花园"等美誉。境内拥有国际摄影创作基地——南尖岩、"中华第一高瀑"——神龙谷、"江南第一矿"——遂昌金矿、"江南小九寨"——千佛山等4个国家AAAA级旅游景区；有"野人"之谜的九龙山国家级自然保护区、单井日出水量居浙江第一的湖山温泉、亚洲第一家建在森林里的汤沐园温泉和国内首个以竹炭文化为主题的竹炭博物馆。

五行遂昌游
金木水火土之——

遂昌金矿——绿洲中的黄金世界

这里是黄金知识的大展台；

这里是"水中大熊猫"——桃花水母的栖游之地；

这里可以体验矿工生活、淘洗黄金、拥抱金砖；

这里有价格低、品质优的黄金大卖场。

遂昌金矿开采历史悠久，最早可追溯到唐代，千百年来一直续采不断。现代遂昌金矿始建于1976年，是一个集黄金采掘、冶炼、加工于一体的国有企业。矿区生态良好、风景优美，被誉为"江南第一矿"。

世界上的黄金宝藏，主要以岩金和沙金两种形态蕴藏于地下，此外还有伴生金。

在地球长期演化过程中，99%以上的金进入地壳中，地壳中金的丰度仅有十亿分之四，要形成工业矿床，须富集几千、几万倍。地球发展早期阶段形成的地壳中金的丰度较高，因此，大体上能代表早期残存地壳组成的太古宙绿岩带，金的丰度值高于地壳其他各类岩石，可能成为金矿床最早的"矿源层"。一般要经历相当长的地质时期，通过多种来源、地质构造演化和多次成矿作用叠加才可能形成金矿床。

二十多亿年前的古元古代时期，形成了继承太古宙地壳组成的华夏古陆，经过漫长的演化，在距今一亿多年前的恐龙时代，东南沿海大规模的火山喷发活动，使早期地层中的金活化并迁移富集到岩石裂隙中，形成了众多的中生代金矿，遂昌金矿就是其中之一，属于次火山热液金矿。

在岩金富集地带，岩石风化后往往留下许多自然金。地表浅层的含金岩石，经过长期的风化与剥蚀，岩石变为沙土并被水流、风等搬运，因金的性质稳定，而被解离为单体，又因其相对密度大，而在原地或河流的平缓或转弯处沉积下来。另外，在一定的水环境下，痕量的金元素会不断平稳聚集到一起，形成大小不等的颗粒金。这些过程造就了砂金矿。

古代矿山开发

找矿方法

古人对矿体的地质规律有相当程度的认识和总结，能够根据找矿标志和矿体变

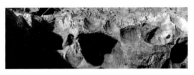

化规律进行找矿。"山上有葱，下有银；山上有薤，下有金"；"土隙石缝中有白色乱丝形状，此去矿不远矣"；"有识矿者得之，凿取烹试"；"每石壁上有黑路乃银脉，随脉凿穴"，发现这些找矿标志后，古人就在其下凿穴开采试炼，并沿着矿脉走向，或垂直于矿脉走向开凿，掌握矿体变化规律。

采矿方法 —— 烧爆法

其原理类似于球状风化。先根据硐壁、矿脉的位置和高低形状，搭设简易灶台，然后将薪炭装叠灶中，发火燃烧。待石壁受热，骤泼冷水，使石壁因热胀冷缩形成人工节理面，然后撬采。烧爆法至迟在盛唐时已得到运用。在唐代金窟和明代矿硐的硐壁上可以见到一个个半圆形的凹坑，即古人用烧爆法采矿遗留下来的，是珍贵的古矿业遗迹。

"灰吹法"冶炼

古代炼银采用"灰吹法"，得到高纯度的金银需经过五道工序：1."碎矿"，将矿石在水碓中舂碎，再用石磨磨细；2."选矿"，将矿末在水中淘洗，得到的重矿物含金量较高，古人称为"矿肉"；3."制团烧结"，将矿肉与米糊搅

拌，制成拳头般大小的团，放在炭上进行燃烧，待它冷却，称为"窑团"；4."铅还原捕收"，将铅熔化，使铅与窑团中的金银融合在一起，称为"铅坨"；5."灰吹法冶炼"，在铅坨上覆盖一层草木灰，发火燃烧，由于草木灰含碱性，铅遇碱则熔化，吹去草木灰，最终收获黄金、白银。

■ 开采史略

遂昌金矿开采历史悠久，历代迭经兴废。早在唐代初期（658—728年），就有采冶活动。宋代设有永丰银场，明代永乐、宣德年间，成为全国最大的矿银产地，其探矿、采矿、冶炼技术长期居世界领先水平。

1976年，成立了浙江省遂昌金矿，从事金银矿的开采、冶炼。现代矿山集黄金生产与环境保护于一体，生态良好、景观优美，被誉为"江南第一矿"。

金矿石比花岗岩更为坚硬，即使是现代，用先进的机械开凿、炸药爆破、机器切割，也是一件十分困难的事。唐代金窟向下深入山体内部200多米，东西最宽宽度达150米，空区体积达10多万立方米。现代黄金生产有磨矿、浮选、浸出、洗涤、置换、酸洗、熔炼、电解、浇铸等复杂工艺。然而古代缺乏现代的工艺、设备、技术和生产条件，没有精密的仪器，他们又是如何得知石头的含金量？这成了金矿开采史上一个难以解开的谜，也让我们不得不佩服古人的智慧。

■ 历史文化名人论金

陆容 明成化年间，曾任浙江右参政。撰《菽园杂记》，所记明代典制、故实，多为《明史》所未详，当时宰相王鏊称其为本朝纪事之书第一，书中详细记录了处州银矿的产地、产量、开采方法和改进过程以及选冶工艺、所用器物，是研究中国古代冶金史不可缺失的珍贵史料。

汤显祖 明万历十一年（1583年）进士，万历二十一年

（1593年）至二十六年（1598年）任遂昌知县。为官勤政爱民，政绩显著，"一时醇吏声为两浙冠"。万历二十五年（1597年）春，两浙矿使曹金奉旨到遂昌复开黄岩坑矿，汤显祖不满矿政暴虐，且得罪权贵，遂于二十六年（1598年）春赴京上计之时，乞长假告归。在遂昌写了许多与黄岩坑金矿有关的诗文和尺牍，成为遂昌黄金文化的重要史料。

■ 现代黄金生产

20世纪70年代初，浙江省物探大队在松荫溪上游发现有金银重砂异常的现象，经追本溯源找到了遂昌黄岩坑古矿洞，探明有工业价值的金银矿体，重新唤醒了沉睡数百年的金银宝藏。根据时任国务院副总理王震"边采边探，采探结合"的指示，1976年7月1日成立遂昌金矿。1976年底，炼出合质金5.33千克，浙江第一块金砖诞生于此，填补了浙江矿山企业生产黄金的空白。经过近30年的发展，已经成为一个拥有两亿多元资产、占地面积76.53万平方米、探采区域29平方公里、集采选冶一体、日处理原矿450吨的省内最大国有黄金矿山企业。其主要产品有国标1号金、国标1号银、电镀金盐、金银饰品、精密铸件等，副产品有硫精矿、铅锌矿、萤石矿等，并以"遂金"商标在国家商标局正式注册，是上海黄金交易所的会员单位之一。

■ 现代黄金冶炼

现代黄金冶炼，采用选矿氰化工艺，分六道工序：第一"破碎"，通过颚式破碎机和圆锥破碎机进行二段破碎，经振动筛筛分，符合要求的颗粒输送给粉矿仓；第二"磨矿"，在球磨机内加入水和大小不等的钢球，把进入球磨机内的矿石碾碎，粒度达到要求的矿浆，进入浮选槽；第三"浮选"，把选矿的药剂加入浮选槽，经搅拌产生气泡，使矿浆中的含金矿物黏附在气泡上，旋转的刮板将上升到表面

冶炼工艺流程图

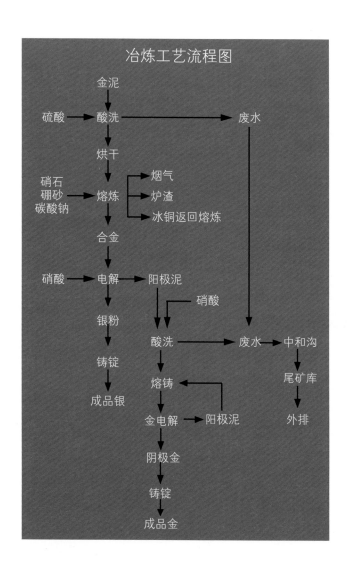

的金精矿刮出；第四"浸出"，进入浸出槽的金精矿与加入的氰化钠发生化学反应，金银矿物溶解到液体里，成为金氰络合物；第五"洗涤"，通过洗涤设备，分离金氰络合物，形成贵液；第六"置换"，在贵液中加入锌粉，把金银置换沉淀下来，成为金泥。再经电解提纯分离、洗涤等工序，熔铸成银锭、金锭。

精彩看点

■ 唐代金窟

唐代金窟是中国东南地区规模最大、各种采冶遗迹保存完好、勘测最详细的古代金银矿硐。金窟自上而下垂直深度170米，纵深最大150米、硐内净空8～10米、采空区容积达10万立方米。有烧爆坑、巷道、排风道、排水渠及木制的龙骨水车等遗存。硐内景象万千，巷道纵横，曲径环绕，硐中有硐，迷宫重叠，扑朔迷离，引人入胜。

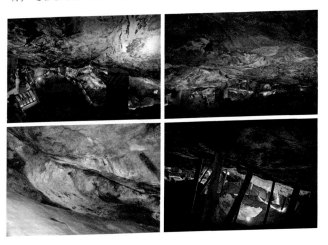

■ 黄金博物馆

黄金博物馆以黄金文化为主题。展区面积1100平方米，

设11个展区，陈列、收藏各类展品500余件，采用实物、文字、图片、多媒体等手段，展示古今地质、采冶和古代矿业遗迹、现代黄金生产工艺，是弘扬矿业文化、普及矿冶知识和黄金文化的窗口，并为矿冶科研活动提供平台。

■ 金 峰

金峰位于明代金窟北端，两块特大矿石突兀屹立，称之"金峰"。它犹如一对脉脉含情的恋人，携手而立，仿佛在倾诉，哪怕天荒地老，唯我儿女情长。金峰矿体金银共生，据取样化验，每吨矿石含金量267克，含银量3677克，两座金峰重约30吨，可采黄金近9公斤，白银90公斤。按现时的黄金价格计算，这两座金峰价值300多万元。遂昌金矿因储量丰、品质高，享有"江南第一矿"之美誉。

■ 矿难遗址

明万历二十五年（1597年）春，朝廷遣宦官曹金到遂昌，复开黄岩坑银矿。因旧硐"凿深水积，内可方舟，虽欲开采，人力莫及"，于是"先用辇水役徒数百人，增车至一百三十五辆"，"车戽三年水不得干"。二十七年（1599年）宦官刘忠强行开采，"用火烹凿，石崩，毙百余人"，酿成特大矿难。遗址见证了明代矿政的

暴虐、宦官倒行逆施、矿徒命如草芥的悲剧。时任遂昌知县的汤显祖目睹矿使暴横、贪婪残忍，又因官卑职小，无力回天，迫使他选择了弃官还乡。其《感事》诗云："中涓凿空山河尽，圣主求金日夜劳。赖是年来稀骏骨，黄金应与筑台高。"表达了对朝廷矿政的愤懑。

■ 神奇的桃花水母

桃花水母是地球6.5亿年前诞生的、现已濒临灭绝的独特腔肠动物，对水体和周围环境要求极高，极难制成标本，被列为濒危物种，有水中"大熊猫"之称。景区水库出现桃花水母，为黄金之旅增添了兴致。

桃花水母通体透明，外形像一把撑开的雨伞，大小如硬币。清澈的水面，神秘精灵般的桃花水母在水中一张一合，翩翩起舞。当一缕阳光洒向水母，水母便到水面享受阳光；当微风轻起，水母又潜伏到水草周围，安静地悬浮着，悠然自得，异常优美。

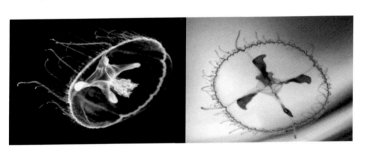

旅游服务信息

■ 旅游路线"五行遂昌"之"金"线

二日游线路：

第一天：汤显祖纪念馆——明代市井/长濂村——梧桐仙迹/蘑菇园——遂昌金矿国家矿山公园

第二天：遂昌金矿国家矿山公园——开心农场/天翼农庄——神龙谷景区——神龙飞瀑/外蓬村——南尖岩景区——汤沐园森林温泉——返程

三日游线路：

第一天：乡野漂流/大山村——神龙谷景区——南尖岩景区——千佛山景区

第二天：千佛山景区——茶香汤沐/大田村——汤沐园森林温泉——遂昌金矿国家矿山公园

第三天：遂昌金矿国家矿山公园——户外休闲运动基地——中国竹炭博物馆——返程

■ 公交班车时刻表

黄金巴士	矿山公园至遂昌	遂昌至矿山公园
星期一至星期五	6：30 8：30 16：00 16：20 16：45	7：20 10：50 14：00 16：30
星期六、星期日	6：30 8：30 13：30 16：00 16：20 16：45	7：20 10：50 14：00 16：50
中巴车	7：00 8：00 9：00 9：30 12：32 14：32 15：00	7：10 7：50 9：00 10：40 12：15 13：50 16：00

好耍好玩

■ 抱金砖

"金矿游一游，一生钱不愁"。走进黄金博物馆的金库，一块沉甸甸、亮闪闪的金砖映入眼帘，顿时让游客们兴奋不已，争相一亲"金"泽，沾些金气回家。抱起这块重达12.5公斤、纯度达99.997%的金砖，禁不住发出一声声惊叹，或抱于怀中，或贴近耳际，或送至唇边狂吻……这千姿百态，都被狂拍不已，留下与黄金亲密的瞬间。与黄金结缘，就是与财富结缘，这是可遇不可求的福分。

■ 金沙池淘金

金沙池淘金是亲身体验古人在水中淘洗碎矿石，撷取"矿肉"的项目，情趣盎然。古人用肉眼无法鉴定岩石中含金品质高低时，就会将矿石放入石臼中捣碎，装入木盘，然后在水中淘洗，且淘且汰，泛扬去粗，矿肉则沉于盘底，沉淀越多，说明含金品质越高，古人就是在这个池里检验矿石含金品质高低，所以称其为"金池"。为了让游人能亲身体验淘取真金的乐趣，金池投放了99.9%的高纯度黄金颗粒，圆一个淘金梦。

■ 小贴士

1.黄金之旅行程较长，因山中游路高低不平，宜穿平跟、低跟鞋。

2.巷道内温度通常保持在18～20℃，请游客注意保暖，避免着凉。

3.乘坐小火车或汽车时，上下车要注意安全，小心夹手。

景区门票

全票：98元/人

咨询电话：0578-8146488

美食情报

■ 竹炭养生菜

此菜肴选以遂昌濂竹乡山上特有的高山大米、高山糯米经山茶油腌制浸泡一夜，用手揉搓成米浆，用山中泉水烧开配兑米浆，上灶熬制2小时，再将米浆过滤成米汤调味，放入食用竹炭和山上采摘的各种野菜烫食，成为一道纯天然绿色的养生菜品，是遂昌健康养生文化中的一个亮点。

■ 金米野鸭汤

以清水源放养野鸭为主料，配以高山种植当年产的晚米，经山里人家土制冬米做辅料，取山笋干和遂昌金矿特制食用金箔，用民间陶罐，以炭火炆制4小时，同时用矿砂炒热，加入冬米，制成米松，装入碗碟，点上金箔，浇上滚热鸭汤即可食用。金箔由24K黄金经高新技术锻炼而成，被国际上公认为纯天然食品添加剂。明代药圣李时珍所著的《本草纲目》云："食用金箔有舒筋、镇静、安神、稳心、祛风、抑菌、养容、长生、增寿之功效。"历来被帝王将相、王公大臣享用。以农家的原料搭配金箔，制作出高贵时尚的美食，体现金山林海仙县遂昌对美食文化的一种完美追求。

■ 黑金白银

此菜肴选以遂昌县牛头山自然保护区野生的大黑蚂蚁，用山中泉水烧开配兑食用盐，浸一小时后，取出烘烤待用。在锅内用山茶油炒熟花生仁，后放入烘烤好的野生大黑蚂蚁，加调料翻炒均匀即可食用。

■ 金箔酒

遂昌金矿特供金箔酒是富含24K纯金箔的饮用酒。以我国优质红粮小麦、天然泉水和日本高新技术生产的24K纯金箔（食用金箔）为原料，采用中国传统白酒酿造工艺，融古今中外之酒曲秘方精华，精心勾兑酿制而成。

特产

■ 遂昌金牌黄金饰品

有各种规格，纯度达99.99%的小型金条、黄金饰品，以实惠的价格满足游客的需求。市场上黄金含量99.95%称"千足金"、99.995%称"万足金"。此外尚有用含金尾砂等原料制作成的精美细腻、纯朴典雅的黑陶工艺品。

■ 激光内雕水晶工艺品

水晶工艺品具有形象逼真、晶莹剔透、保持恒久等特点，采用先进激光技术，透过水晶表面，把人物、风景等平面、立体影像刻入水晶内部，层次分明，立体感强，是21世纪最受欢迎的高档艺术装饰品之一，是有极高的收藏价值、欣赏价值的旅游纪念品。游客可以体验到现场拍照、现场雕刻制作的全过程。

住宿推荐

■ 遂昌金矿黄金大酒店

黄金大酒店位于遂昌金矿国家矿山公园景区内，是按四星级的设计理念及标准建造的高档度假型酒店，园内集中了大量的矿业古迹、人文景观和自然景观，森林覆盖率达到95%，负氧离子极高，是一座天然大氧吧。遂昌金矿黄金

大酒店拥有豪华标准房、商务房、豪华套房共75间（套），房内均配有高速宽带、数字电视。另有全套先进的会议服务设施，可容纳100余人的各类会议室、多功能厅。同时，拥有容纳200人的团队餐和150人的自助餐场地，10个古色古香、装修豪华、风格各异的特色包厢。特聘国家级烹饪大师主持，由名厨掌勺烹制特色菜肴。您还能在此享受到酒店特有的黄金套餐（黄金酒，纯黄金、白银打造的餐具，黄金菜肴等）。酒店特设露天及室内卡拉OK、棋牌房等娱乐设施，并可举办烧烤、篝火晚会等娱乐活动，令您一天的疲惫得到全身心的放松。"原生态的舒适享受，金子般的超值服务"是本酒店的服务宗旨。无论从酒店设施还是服务，您都能体会到在家的感觉。这里是理想的休闲、度假、娱乐的会所。

小词典

矿业遗迹

矿业遗迹也叫矿山遗迹，是矿业开发过程中遗留下来的踪迹以及与采矿活动相关的实物。矿业遗迹包括：矿产地质遗迹、矿业生产遗迹、矿业制品遗存、矿山社会生活遗迹和矿业开发文献史籍等五大类。

矿山公园

矿山公园是以展示人类矿业遗迹景观为主体，体现矿业发展历史内涵，具备研究价值和教育功能，并可供人们游览观赏、进行科学考察与科学知识普及的特定空间。

矿山公园的建设应以科学发展观为指导，融人文景观与自然景观为一体，采用环境更新、生态恢复和文化重现等手段，达到生态效益、经济效益和社会效应的有机统一。

矿山公园的建设是矿山环境保护、治理和利用的一条创新途径，有较强的应用推广价值。

矿山公园设置国家级矿山公园和省级矿山公园。

国家矿山公园

国家矿山公园应具备的条件：

1.国际、国内著名的矿山或独具特色的矿山；

2.拥有一处以上珍稀级或多处重要级矿业遗迹；

3.区位条件优越，自然景观与人文景观优美；

4.基础资料扎实、丰富，土地使用权属清楚，基础设施完善，具有吸引大量公众关注的潜在能力。

黄金的主要用途

黄金是人类较早发现和利用的金属。由于它稀少、特殊和珍贵，自古以来被视为五金之首。黄金的主要作用有：

1.在货币体系中的作用。历史上黄金充当货币的职能，如价值尺度、流通手段、储藏手段、支付手段和世界货币。20世纪70年代以来黄金与美元脱钩后，黄金的货币职能虽有所减弱，但仍保持一定的货币职  能。目前许多国家，包括西方主要国家的国际储备中，黄金仍占有相当重要的地位。

2.用作珠宝装饰。华丽的黄金饰品一直被视为财富的象征。

3.在工业与科学技术上的应用。由于金具有独一无二的物理、化学性质，被广泛用到现代高新技术产业中，如电子技术、通信技术、宇航技术、化工技术、医疗技术等。

4.医学方面的应用。金在医学上的应用可追溯到古代。近代由于金的化学理论的发展和医学临床的研究，金已在医学上得到了很多的应用。

五行遂昌游
金木水火土之——

山峦层叠，峡谷飞瀑，云海梯田，
大自然的神奇造化，
天地间的山水画卷。
这里森林覆盖率高达82.3%，
堪称天然氧吧。
这里四时风光秀丽，
让您尽享仙县的美景。

■ 南尖岩——天地间的山水画

国家AAAA级旅游景区南尖岩位于浙江省遂昌县西南部，距县城约50公里，主峰海拔1626米。景区集黄山的云海、三清山的栈道、哈尼的梯田、九寨沟的竹海、罗平的"花海"以及南方的古村落和壮观的流泉飞瀑、奇峰怪石于一身，是联合国教科文组织与中国民俗摄影协会共同授予的"国际民俗摄影创作基地"。

景区主要景观有：天柱峰、神坛峰、千丈岩、小石林、神龟探海等多处奇峰异石构成的地貌景观；霞归瑶池、九级瀑布、龙门飞瀑等构成的水体景观；竹海、林海、针阔混交林等构成的生物景观。天柱峰突兀峥嵘，小石林鬼斧神工，形态万千。九级瀑布恣意飞泻，蔚为壮观。天然景点连绵不

绝，生态环境优美，宛若人间仙境，是一片相忘俗尘的桃源净土。这里，森林覆盖率高达82.3%，空气中负氧离子含量平均值达20000个/立方厘米，高出国际清新空气标准13倍，堪称天然氧吧。是浙江省首批生态旅游示范区、浙江省首批文明风景旅游区、浙江省五星级森林旅游区、浙江省综合品质景区，是休闲养生的胜地，摄影爱好者的天堂。

精彩看点

◤ 南尖岩云海

南尖岩景区海拔在1100～1600 米之间，空气清新，独特的地理环境形成了奇特的云海景观。全年平均有雾日约200天，占全年总天数的五分之三。南尖岩云海可与黄山云海媲

美，享有"海南归来不看海，南尖岩归来不看云"之誉。原中国摄影家协会副主席陈勃曾感叹道："我四次登临黄山都未遇云海，来南尖岩两次却都遇上云海，这里的云海毫不逊色于黄山。"

■ 高山梯田

高山梯田是景区的一大看点。由于特殊的地理位置，形

成了层次分明、梯度相间的梯田群落，面积逾133公顷，是目前已知华东地区规模最大、形态最美的梯田群，与云南的元阳梯田、广西的龙胜梯田相比，更加秀丽、柔和，具有江南独特的地域特色。梯田被誉为"流动的舞曲"，一年四季呈现出不同的景色，提供不同的摄影创作题材。春天，水暖融融，绿波荡漾，三四月油菜花开，满目金黄；夏天，禾苗封行，黛绿浓抹；秋天，春华秋实，金浪翻滚；冬天，披着纷纷瑞雪的梯田，变成一幅色彩分明的黑白版画。

■ 深山藏秘

南尖岩山景是景区的重要看点。景区内延绵不断的竹林与茫茫林海，构成了一个绿色的世界。动植物种类多达

1000种，森林覆盖率达90%以上。林中溪流潺潺，有九级瀑布群，十分壮观。奇峰异石，触目皆是，天柱峰、神坛峰、千丈岩、小石林等点缀其间，美不胜收。景区四季风景如画：春季漫山新碧，百花斗艳，姹紫嫣红；夏季最高气温不超过28℃，七八月，平均气温仅23℃，可与庐山相媲美，被誉为"清凉世界，避暑胜地"；秋季，天高云淡，苍山如海，红枫点缀其间，分外妖娆；冬季，漫山雾凇，晶莹剔透，一旦飘雪，山舞银蛇，壮丽无比。

好耍好玩

■ 摄影

南尖岩景区景点密集，可用"步移景异"来形容。近几年，景区围绕摄影文化，重点打造成为"摄影家的天堂、摄影爱好者的学堂"。全国各地的摄影家慕名而来，由此南尖

岩摄影在全国乃至世界摄影界享有一定的知名度。景区内建有"摄影长廊"和"中国首个人体摄影博物馆"。2007年在瑞士日内瓦联合国欧洲总部万国官举办的"丽水摄影展"中专门设立了南尖岩专题，充分证明南尖岩在摄影界的地位。

旅游服务信息

■ 住宿推荐

南尖岩山庄是一家以三星级标准建造的度假酒店，拥有92间豪华舒适的各类房间。山庄设有餐厅（可容纳400人同时进餐）、棋牌室、KTV中心、会议中心、购物中心，配套设施齐全，是集吃、住、游、购、娱为一体的综合性度假山庄。

咨询电话：0578-8555666

景区门票

全票：80元/人

景区开放时间：6:00—18:00

■ 美食情报

食在当季，食在当地。在这里您可以品尝到各种各样原生态美食。

■ 自驾游行程

下高速后线路：龙丽高速公路遂昌出口（约1公里处第一

个红绿灯右转）进入三际线—三仁乡—大柘镇—石练镇（过石练镇政府后约2公里处换乘中心）—遂昌南尖岩景区。

■ 背包自助

班车时刻表

中巴车	遂昌到南尖岩	南尖岩到遂昌
星期一至星期日	7:30	8:50
	13:50	15:20

■ 小贴士

1.南尖岩景区温度较低，记得多带件衣服保暖。

2.南尖岩山庄承接篝火晚会、烧烤晚会，需提前预约。

■ 神龙谷 —— 一颗璀璨的绿色明珠

神龙谷景区位于遂昌县垵口乡桂洋林场，以常绿阔叶次生林、瀑布峡谷景观为特色，落差高达300余米的神龙飞瀑，一波三折，声传数里，被誉为"中华第一高瀑"。

景区内森林茂盛，森林覆盖率高达88.8%，内部山峦、飞瀑、幽谷、奇峰、异石各种景观丰富，因所处海拔较高，经常会有雾海、云海等壮观景象。景区内夏无酷暑、冬无严寒，被评为"国家级生态森林公园"，游人置身其中即可感受林间清新洁净的舒畅；是一处集观光旅游、休闲度假、医疗养生为一体的高品质生态旅游度假区。

景区在山水中融入汤显祖《牡丹亭》为代表的中国爱情文化和粟裕将军革命事迹为代表的红色文化，充分体现了山水中的文化艺术。

景区四时景色，蓄秋冬之壮观、春夏之妩媚、夏无酷暑、冬无严寒，空气清新，融鸣泉、飞瀑、山峦、奇峰、云雾、雪凇、幽谷、洞壑、异石为一体，呈现出幽、野、奇、险的特色，引人入胜。

精彩看点

■ 神龙飞瀑

神龙飞瀑从群山中走来，神龙溪从群山峡谷中曲折跌宕，至神龙谷"汤公寻梦"，因陡峰峙立，落断成崖，逼仄曲折成潭，瀑水曲折奔泻，一瀑为三，从悬崖绝壁倾泻而下，水天相连，雪喷玉溅，似蛟龙出谷，气势磅礴，声传数里，十分壮观。

■ 森林氧吧

神龙谷是遂昌国家森林公园的重要组成部分，这里海拔高、空气清新，景区内常绿阔叶林繁茂，形成了一个天然氧吧。在丽水市17个森林公园和旅游景点负氧离子检测中，神龙谷景区以115881个/立方厘米，位居榜首。置身其中，感受森林的美丽，大自然之美，无不让人如痴如醉。

景区门票

全票：80元/人

咨询电话：0578-8366000

■ 自驾游行程

1. 龙丽高速遂昌出口下，走227省道至遂昌神龙谷景区。

2. 沿途及附近乡村农家乐村（点）：大山村、根竹口村、外蓬村。

■ 背包自助

班车时刻表

绿谷巴士	神龙谷景区下入口至遂昌	遂昌至神龙谷景区下入口
星期一至星期日	7:30 8:00 13:30	11:30 14:00 16:00

旅游服务信息

■ 神龙谷特产

【笋干】

笋享有"素食第一品"之美称，它含丰富的植物蛋白、氨基酸及多种微量元素，尤其是粗纤维能促进肠胃蠕动及消化，增食欲，减少肠道内有害物质的堆积，是一种富含膳食纤维的天然消食名菜。

【香菇】

香菇是神龙谷特产之一，它是一种生长在木材上的真菌。味道鲜美、香气沁人、营养丰富，素有"植物皇后"的美誉。香菇富含维生素B群、铁、钾、维生素D，味甘、性平。主治食欲减退、少气乏力。

■ 住宿推荐

神龙山庄宾馆集住宿、餐饮、会议、娱乐为一体。有标准客房、豪华套房43间，总床位达到92个，无线网络全部覆盖。宾馆餐厅——神龙大酒店可容纳200人同时进餐，主要以当地的农家菜肴风味为主，内设豪华包厢，可承接各类商务、旅游团队订餐以及散客点菜，并开设了露天烧烤项目，让游客在游览之余得到高品质的享受。宾馆有多功能厅、会议室各一个，可容纳100余人的会务活动。同时还配备棋牌室、卡拉OK等娱乐设施，可供游客休闲娱乐，这里是理想的休闲、度假、娱乐的会所。

咨询电话：0578-8366000

■ 小贴士

1. 景区内早晚温差较大，游客要注意保暖、防凉；

2. 景区地处山区，在游览的过程中，请按照指定线路游玩，以防迷路。

■ 千佛山——让您亲身感受佛的"护佑"

遂昌千佛山位于浙江省丽水市遂昌县石练镇，距县城30公里，交通极为便利。景区拥有迷人的水域风光和原始阔叶林，享有"江南九寨"之誉。令人震撼的是高达300米的天然山体弥勒佛，身披绿色袈裟，张开双臂护佑众生，与未来寺延恩殿内供奉的佛祖对视相望。殿后八座山峰好似天龙八部日夜守护佛法，实属大自然的神奇造化与恩赐。

精彩看点

■ 禅云飞瀑

飞瀑深邃，禅云飞起。银瀑右边是一座象山，象鼻吸水，垂耳恭听；左边是一座石狮，石狮俯首，匍匐岸边。一个是文殊菩萨坐骑，一个为普贤菩萨坐骑。所谓吉兽守护，禅云生福。

■ 廊桥镜湖

廊桥横跨瑶池，集山水、亭、屋、桥于一体。廊桥左侧建一亭，称"怡心亭"；桥上雕梁画栋，飞檐翘角，青山、碧水、廊桥、古树交相辉映。与廊桥相连的是镜湖，远树婀娜，湖水如镜，风景如画，有"江南九寨"之称。

■ 双龙涧

双龙涧是千佛山景区中视觉效果最佳的瀑布。两股飞瀑，宛如蛟龙出海，一大一小，一直一曲相映成趣。飞瀑冲击所形成的潭，称"双龙涧"。

■ 得福楼

得福楼位于前往延恩殿的途中，木柱青瓦，飞檐高脊，依山临水，精致玲珑。这里是僧人禅房，也是佛事精舍。高人贵客在此问禅品茗，信众香客在此休憩观景。得福楼雅坐片刻，得青山之影，得绿水之韵，得人生之悟，得佛法之福。

■ 弥勒山

佛是一座山，山是一尊佛。天然山体弥勒佛高达300米，自然裂裟，四季更新，堪称世界第一。

这是天下最神奇的大佛。三身俱现：是庄重威严、功德圆满的报身佛；显现的是憨态可掬、呵护众生的化身佛；特定情景下又是一尊无相的法身佛。

这是天下最亲民的大佛：慈眉善目，身披绿色袈裟，张开双臂拥抱世人。

■ 延恩殿

延恩殿劈山而建，离地八米，翼然临溪，气势非凡。殿内供奉着释迦牟尼佛及其迦叶、阿难二弟子，与天然弥勒大佛隔溪相对。释迦牟尼佛以纯金贴身，宝相慈祥庄严。慈目对视天然弥勒大佛，意喻释迦牟尼给弥勒佛作未来成佛受记。释迦牟尼将佛祖恩泽传授给弥勒佛，这就是延恩殿名字的来由。殿后八座山峰，恰是天龙八部，日夜守护佛法。

好耍好玩

■ 瑶池戏水

瑶池的水是来自大山中的泉水。池水甘洌，聚流而致，含多种矿物质和微量元素。夏季在瑶池戏水，能润肤养颜，益寿延年。

■ 放生活动

将被捕获的鸟、鱼等生类放之山野或池沼之中，使其不受人宰割、烹食，称之为"放生"。放生体现对生命尊严的维护，体现佛门广大慈悲的救度精神，功德至大。

■ 晨钟暮鼓

钟与鼓是佛教寺院常用的法器。钟，为寺院报时、集众所敲打的法器。鼓，有羯鼓、渔鼓、摇鼓、金鼓、石鼓、悬鼓等。寺院每日晨昏敲钟击鼓，以警行者当勤精进，慎勿放逸。

旅游服务信息

景区票价：80元/人

开放时间

春夏：07:30-18:00

秋冬：08:00-17:00

景区热线：0578-8522999

■ 自驾游行程

1.上海、苏南方向：由沪杭高速，经杭州转杭金衢高速，经龙游转龙丽高速于遂昌下，转S227省道到达景区或在县城汽车客运站乘坐千佛山景区班车（60分钟一趟）。或由沪杭高速，经杭州转杭新景高速至龙游转龙丽高速于遂昌下，转S227省道到达景区。

2.宁波方向：由甬金高速，经金华转杭金衢高速，至龙游转龙丽高速于遂昌下，转S227省道到达景区或在县城汽车客运站乘坐千佛山景区班车（60分钟一趟）。

3.温州方向：由金丽温高速，经丽水转龙丽高速于遂昌下，转S051省道到达景区。

4.台州方向：由台缙高速，经缙云转金丽温高速，至丽水转龙丽高速于遂昌下，转S227省道到达景区。

5.县城汽车客运站乘坐千佛山景区班车（60分钟一趟）。

■ 美食情报

【千佛斋宴】吃素不仅是一种健康的生活方式，还是一种默默的修行。千佛斋宴，让您在享受美食的同时，进行心灵的修行。

■ 特产推荐

【开光佛珠】佛珠是佛教徒用以念诵记数的随身法具，持用佛珠藉以约束身心、帮助修行、消除妄念，待日久功深，便能增加智慧，利己护人，同时还会获得无量的功德。

【开光护身符】护身符，护身之灵符，将之置于贴身处，可蒙各尊之加持护念，可消除厄难，带来平安。

【开光礼盒套装】护身礼盒含佛珠、护身符、有男、女礼盒两款，是赠亲友的最佳礼品。

【佛茶】采自千佛山景区的绿色无污染茶叶，以山泉水冲泡而成，清香甘醇。

■ 住宿推荐

千佛山酒店坐落在千佛山景区内，配有81间客房、4个会议室、1个宴会厅和5个包厢，棋牌、烧烤、篝火晚会、卡拉OK等设施齐全。酒店环境安静、优雅、舒适，是观光礼佛、修身养性、商务会议、休闲度假的理想胜地。

酒店总台：0578-8522888

客服专线：0578-8522990

■ 白马山——可与庐山媲美的清凉世界

白马山，山势巍峨，主峰海拔1621米，山顶为火山熔岩，久经降水侵蚀，形成高山平台。海拔1250米的大平田，是古火山口形成的高山湖泊。北缘涧谷深邃，有三井龙湫；南缘岭长坡陡，地块起伏大。自南麓坎头村至山顶，直距3公里，相对高度为1300米。大平田、小平田、

高山湿地更是地质学上的奇观。

白马山森林公园，以山地景观、溪峡景观、湖川景观为基础，以森林生态、休闲、养生为内涵，集山水之胜、林壑之美为一炉，景区面积0.85万公顷，森林覆盖率达90.7%，极富生态旅游资源。景区气候清凉，年平均温度11.60℃，冬季绝对最低温度零下17.30℃，夏季绝对最高气温29.30℃，形成"常年云雾，夏无酷暑，冬季雪丰，春花迟发"的气候特点，素有"浙南庐山"之美称。

白马山人文积淀深厚。历代文人墨客登山览胜，留下许多脍炙人口的诗章。明万历年间，时任遂昌知县的汤显祖与四明才子屠隆同游白马山，留下了脍炙人口的诗文。据传，元末时朱元璋曾到白马山三井，品尝了三井茶叶，朱元璋建立明朝后，三井茶叶被列为御用贡品。白马山地形复杂，易于隐蔽。抗日战争、解放战争时期，山中的田堂背、老鹰岩、山后岩、擂鼓砼等地是中共遂昌县委、武工队坚持革命斗争的主要活动地区，革命文化十分丰富。主要景点有：白马湖、白马山顶峰、白马天庭、白马石、木鱼石、三井龙湫等40多个景点。

精彩看点

■ 白马湖

白马湖位于海拔 1250 米的大平田，是浙江境内海拔最高的"火山湖"，常年水位在海拔 1238 米。泛小舟荡漾湖中，沐朝阳夕晖，听鸟歌婉转，心情顿觉坦荡。平眺湖心，水天一色，人湖共醉。

■ 白马山

白马山是遂昌第二高峰，海拔 1621.4米，顶部岩石突兀，状如骏马。山顶有古瞭望台，晴天可看到遂昌县城，远眺松阳、衢州。

■ 木鱼石

木鱼石位于大平田东北500米处。一岩兀立，高约1米，宽约1.5米，长约4米。其岩纵向有闪电形裂缝，用石叩之，便发出"敲打木鱼"的奇声。传说此为宏思寺的经幢，藏有宏思寺的经卷。

好耍好玩

■ 湿地采笋

白马山产的笋称为羊尾笋，其笋有壮、嫩、白等特质，故也称"白马玉笋"。夏初，是羊尾笋的旺季，漫山新绿，进山采撷，喜获玉笋。既可体验湿地生态奇观，又可使采撷、观光两者兼得，其乐无穷。

■ 九龙山——国家级自然保护区

九龙山国家级自然保护区位于遂昌县西南部，总面积0.56万公顷。保护区生态系统完整，生物多样性极为丰富，至今仍保存着较好的植被类型，在华东植被区中，具有一定的代表性，而保存完好的近万亩原生植被，是中亚热带东部地区保存最好的森林植被之一。国家一级保护植物有伯乐树、南方红豆杉2种；国家二级保护植物有福建柏、白豆杉、毛红椿、长叶榧、香果树、凹叶厚朴等16种。国家一级保护动物

有黑麂、云豹、金钱豹、黄腹角雉、白颈长尾雉5种；国家二级保护动物有大鲵、白鹇、短尾猴、黑熊、小灵猫等42种以及浙江省重点保护动物崇安髭蟾等28种。九龙山被称为"野生动物的乐园、珍稀植物的天堂"，素有"生物基因宝库"之美誉。而九龙山"野人"之谜，更使其声名远播。

　　保护区是钱塘江南端的源头，属国家级生态公益林重点建设区域。1983年，被浙江省人民政府批准为"省级自然保护区"。2003年6月，被国务院审定为"国家级自然保护区"。

■ 中国竹炭博物馆——黑钻文化

　　中国竹炭博物馆坐落于中国竹炭之乡——遂昌青山绿水的怀抱中，是国内首家以炭历史文化及国内外炭产品展示为主题的博物馆。这里距遂昌县城仅4公里，环境优美，交通便利。占地面积15525平方米，总建筑面积9641平方米，建有炭祖大殿、炭文化历史展、炭综合应用展馆、炭科学原理体验馆（青少年科普中心）、炭缘客栈、竹炭美食区、炭窑酒吧、炭旅游休闲购物一条街。中国竹炭博物馆集思广益，遵循科学性、知识性、艺术性、趣味性的原则，用丰富的藏品，辅以高新技术与艺术相结合的现代展示手段，使您在寓教于乐的环境中，了解炭的历史、炭的文

化、炭的科学应用，从而得到科学的启迪和艺术享受。中国竹炭博物馆这个文化的平台，使得竹炭产业获得更广泛的前景，也必将使传统炭行业呈现新的生机、新的活力和新的气象，使遂昌"中国竹炭之乡"的称号散发文化的馨香。

中国竹炭博物馆具有社会公益性文物的收藏保护、科学研究、陈列展示和宣传教育等功能，是大众的终身学校和精神家园，是炭文化和炭行业的完美结合，是您休闲旅游的不二选择！

■ 美食情报

你敢吃炭吗？有勇气尝试一下竹炭美食吗？想来品尝遂昌特色炭美食吗？那就快来我们竹炭餐厅，品尝竹炭美食吧！

竹炭养生面、炭烤鲈鱼、流程炭豆腐、天下第一黑、竹炭核桃酥等。

旅游服务信息

■ 住宿推荐

炭缘客栈——遂昌最具特色的炭主题客栈，离遂昌东高速出口6分钟车程，离县城5分钟的车程，在交通上很是便捷。

客栈的特色房间，定能给您留下深刻的印象。宁静的环境，让客人远离城市的喧嚣，"睡到自然醒"便是我们的宗旨。

柔软的时光、怀旧岁月，

你我缘分的家，

浓香的江湖菜、睡到自然醒，

自由——还可以再慵懒一点……

炭缘，成为旅行中温暖的记忆，

来过的朋友，心便不曾离开，

"相聚炭缘，一生有缘"，我们出售的不仅仅是商品，还有回忆，复古怀旧的风格想必会给您留下深刻印象。

咨询电话：0578-8185019

景区门票：免费

景区开放时间：8:00—17:00

■ 自助游线路

驾车：

1.上海方向走沪杭高速、杭州绕城、杭金衢高速或杭新景至龙游转龙丽高速到遂昌东出口下，往遂昌—龙游方向5分钟到中国竹炭博物馆。

2.温州方向走金丽温高速至丽水转龙丽高速到遂昌东出口下，往遂昌—龙游方向5分钟到中国竹炭博物馆（有导航的可搜索竹炭博物馆）。

背包客：

可坐长途大巴到遂昌客运站，之后在汽车站内坐遂昌至北界的班车到中国竹炭博物馆。

■ 炭缘客栈

在竹炭博物馆景区内，设东北炕、榻榻米、竹床房、公主房等特色体验型标准房26间，普通标准房25间，三人房3间，普通单人房8间，商务单人房2间，家庭房4间，套房1套，大小会议室各1间。配套有500个餐位的东昇聚酒楼。

五行遂昌游
金木水火土之——

水

这里的水清澈爽滑，温润如玉，
和您相依相偎，让您体验大自然的脉脉温情。
森林温泉汤沐园，乡村温泉红星坪，
让您体验养生之旅。
神龙谷、乌溪江、黄金谷的漂流，
让您在惊险刺激中享受惬意和欢乐。

■ 红星坪温泉度假村

红星坪温泉度假村位于美丽的遂昌湖山乡红星坪村，距县城40公里，地处乌溪江库区，度假村背山面水，生态环境

十分优越，这里山水相拥、白鹭成行、景色秀美、鸟语花香。与国家森林公园相邻，与黄泥岭躬耕书院隔河相望，与著名古琴大师陈雷激的琴淤书斋只有百步之遥。地理环境得天独厚，农耕风情古朴，既有山野情趣，又有水乡灵秀，是一个理想的休闲胜地。是浙江省唯一一家五星级温泉农家乐，2011年被评为"华东地区最受欢迎的十大温泉"；2012年被评为"长三角最受游客喜欢的十大旅游温泉"。

温泉从地下400米的泉口引出，出水温度41℃左右，水质稳定、清澈而爽滑，含氟、偏硅酸、碳酸钙等多种有益于人体健康的微量元素和矿物质，具有神奇的保健功效。

度假村分南、北两区。占地面积3万平方米，建筑面积6000平方米。设有情侣区、动感区、美容养生区、VIP木屋区，建有各色温泉泡池40余个，整个景区山水相融，具有

"山抱水，水环山，湖山争辉"的自然格局，北有逾百亩的板栗和茶园，南为浩瀚的乌溪江水库，东南有一片古老的苦槠群落，东为桂花林和樟树林，面积逾200亩，进入八月，丹桂飘香，令人陶醉。

精彩看点

■ 红星坪温泉

红星坪温泉引自距度假村2公里的湖山萤石矿400米矿井的温泉出水口，出水温度41℃左右，水质稳定、清澈而爽滑，具有神奇的美容、保健之功效，是浙江省第五家通过专家评审的高品质温泉。

红星坪温泉不稀释、不加温，百分之百纯天然。经权威部门检测分析，红星坪温泉富含人体所需的多种微量元素和矿物质，是含氟、偏硅酸、碳酸钙型淡温泉。对风湿病、皮肤病、肥胖症、关节疼痛、神经系统疾病有显著疗效，并可改善免疫系统、扩张血管、促进血液循环，可消除疲劳，具有保健、美容、护肤、疗养的功效，适合人们长期保健浴用。

■ 乌溪江

乌溪江库区，碧波荡漾，湖平似镜。两岸奇峰异石，流泉飞瀑遍布，湖光山色，秀丽多姿，享有"小桂林"之美誉。度假村备有54艘豪华游艇和45艘画舫游船，供游客领略乌溪江风光。当泛舟湖上，碧水清澄，清风徐来，那险峻的百丈岩，长满兰花的兰花岩，明代古塔等美景尽收眼底，令人心旷神怡。

好要好玩

■ 垂钓

度假村设垂钓中心，为垂钓爱好者提供钓鱼场所。湖中各类野生鱼品种繁多，有青条、将军鱼、老虎鱼等。

■ 篝火烧烤

度假村的无烟烧烤区，可为团队、同学、朋友聚会提供烧烤的乐趣，品尝炭火带来的无限美味；新建的露天舞厅、卡拉OK厅为您量身定做，可约上曾经的同学、朋友来这里举办一次别开生面的歌舞晚会。

■ 健身娱乐

度假村有各色各样的娱乐设施供游客选择：喜欢棋牌的朋友，度假村可为您消磨时光；爱好唱歌的客人，卡拉OK包厢为您一展歌喉；体育爱好者可选择乒乓球、羽毛球、篮球、网球等娱乐健身项目。

旅游服务信息

景区门票

全票：158元/人

温泉营业时间：周六/周日：11:00—23:30

周一~周五：13:00—22:00

咨询电话：0578-8155158　　0578-8155159

营销热线：13285786601

■ 自驾游

1.龙丽高速公路遂昌出口（下高速右转）——大柘、湖山方向（途经三仁、大柘、峡口门、湖山乡、红星坪村）抵达红星坪温泉度假村。

2.沿途及附近乡村农家乐村（点）：湖山森林公园、乌溪江水库、黄泥岭躬耕书院、石姆岩、万亩杜鹃林、琴淤书斋、湖山旅游度假区。

■ 背包自助

班车时刻表

中巴车	红星坪（琴淤）至遂昌	遂昌至红星坪（琴淤）
星期一至星期日	6:50	6:30
	8:10	9:00
	10:30	15:30
	15:30	15:30

■ 美食情报

【乌溪江野生有机鱼】——度假村特色品牌菜

选自乌溪江库区生产的各类名贵野生鱼。库区山清水秀，水质优良，提供无公害、无污染的纯绿色食品：

【生态有机鱼头火锅】鱼头选取乌溪江库区的有机胖头鱼，香浓可口，肉质鲜美，有疏肝解郁、健脾利肺、补虚弱、祛风寒的功效，荣获遂昌乡村美食节金牌奖。

【乌溪江野生鲶鱼火锅】鲶鱼含有丰富蛋白质和矿物质，乌溪江库区的野生鲶鱼，鲜而不腥，肥而不腻。

【红烧小溪鱼】度假村的红烧小溪鱼取自乌溪江水库，经师傅的精心制作，刺细肉嫩，没有泥腥味，味道鲜美。

【清蒸鲫鱼】乌溪江的鲫鱼配以料酒、生姜、蒜叶适火清蒸而成，健脾利湿，和中开胃，味浓香鲜，色泽明亮，经常食用可补充体力。

【黄泥岭土鸡煲】选用湖山黄泥岭一年以上的土鸡，去毛洗净，加姜片、料酒、盐少量，文火炖3小时，待鸡肉软烂，浓香扑鼻，肉质鲜美。曾荣获遂昌乡村美食节金牌奖。

【竹炭蒸桂鱼】选乌溪江水库野生桂鱼，剖腹，洗净，背部位切入以入味。加料酒、姜葱调料，腌至去腥，放入盘中，竹炭垫底，蒸箱蒸8分钟，鱼肉鲜嫩，口感香滑，并富含钙、磷、锌等，具有美容功效。

【糖醋鲤鱼】选乌溪江水库野生鲤鱼，加入料酒、姜葱调料，腌至去腥，取出沥干，滚上地瓜粉。将鱼放入油锅炸至外松内嫩，淋上精心调制的糖醋挂汁，香脆可口，酸甜适中，味道鲜美，是小孩、女性客人的最佳菜肴。

【红烧土猪手】选用本村一年以上的土猪（不吃任何合成饲料）猪脚一只，洗净切块，出水，放姜块，入锅炒15分钟左右，加少量饭酒、生抽等调料。文火焖半小时左右，香软可口，肥而不腻，深受客人的喜爱。

住宿推荐

红星坪温泉度假村内，按四星级的设计理念及标准建造了高档度假村型酒店。温泉客房拥有精致双标房、景观双标房、豪华大床房、温泉豪华套房共90间（套），房内均配有高速宽带、数字电视，房内沐浴水均为温泉水。观景房傍山依水，窗外乌溪江美景尽收眼底。房间内设有木桶浴，可供客人享有独自泡温泉的乐趣。豪华套房2间，带独立庭院和单独的温泉池，可供一家人嬉戏浸泡。全套先进的会议服务设施，拥有可容纳150余人的各类会议室、多功能厅。同时可以容纳250人用餐，设有10个特色包厢。酒店特设露天及室内卡拉OK、棋牌房等娱乐设施，并可举办烧烤、篝火晚会等娱乐活动，令您一天的疲惫得到全身心的放松。红星坪温泉度假村是一家集会议、培训、休闲、旅游为一体，吃、住、娱、乐一条龙服务的综合性度假村。2010年被评为浙江省五星级农家乐。

咨询电话：0578-8155158　　0578-8155159

■ 泡温泉小贴士

饥饿或过饱时不宜泡温泉。太饿，会因血糖过低而晕倒；太饱，影响消化之余，也可能引起胃抽痛。

过量饮酒不宜浸泡温泉，否则酒精及温泉的热力作用会加剧皮下血管扩张散热，易造成脑部供血不足，引起神智迷糊，恐生意外。

疲劳过度不可骤然入温泉。须稍作休息，待体力恢复后再行浸泡。

较严重的高血压、心脏病、糖尿病患者或身体不适合者不宜泡温泉，在医师指导下浸泡，需要有家人伴游陪浴。

严重皮肤病、传染病者谢绝泡温泉。

■ 汤沐园——森林养生

汤沐园位于遂昌县大柘镇大田村，距县城22公里。园区建在金山坡地上，依山环翠，古木参天，绿荫如盖，间有百亩茶园，下有清流环抱，自然环境优美。

温泉从距地表518米的泉口引出，水质富含30多种人体所需的微量元素和矿物质，具有保健功效。在金山坡地构筑形状各样的温泉池50余个，与古木群融为一体，构成和谐的

生态环境，是目前亚洲第一个建在森林里的温泉。当走进森林，濯泉沐浴，可在天然氧吧里，感受大自然的清新，体验"天人合一"的境界。

大田村是遂昌重点的农耕区和茶叶产区，素有"西乡粮仓"之誉，农耕文化浓郁，蕴涵着特有的历史气息和人文韵味。

精彩看点

◪ 金山绿荫

金山满目苍翠，四季常绿。温泉池、小木屋、水上乐园错落有致，分布其间。走进金山，沐浴可健身，放眼可赏景，乐园可尽趣，其乐无穷。

◪ 特色温泉

汤沐园温泉是依托金山阔叶林群落自然景观创建的一家森林温泉。有鱼疗池、花瓣池、中药池、旋涡池、牛奶池等多功能水疗池50多个，可适应各类群体的需求。1000平方米的室内温泉大池，配有多种按摩水床、水椅、喷泉，会给您带来不同的体验。

◪ 水上乐园

水上乐园推出目前国际上最流行的水上娱乐项目，主要有多人高速竞赛滑道、太空漩涡滑梯、速度直线滑梯、潮汐漂流河、儿童水寨、儿童戏水池、游泳池等。水上娱乐有既惊险刺激，又悠然自得的戏水休闲项目，是老少皆宜的新型消暑度假乐园。

旅游服务信息

景区门票

全票：168元/人

联系电话：0578-8151978

自驾游

1.龙丽高速遂昌出口下，往S51省道至汤沐园森林温泉。

2.沿途及附近乡村农家乐村（点）："中国绿色名乡"三仁畲族乡，农家乐大田村。

■ 背包自助

班车时刻表

中巴车	石练班车经大田汤沐园	湖山班车经大田汤沐园
星期一至星期日	06:05-18:00 每隔10分钟一班	06:30-17:20 每隔20分钟一班

■ 住宿饮食推荐

汤沐园温泉酒店位于汤沐园景区内，建筑面积5000平方米。酒店按宋代文化的韵味和现代豪华相结合的设计理念，内部装饰经典高雅、宽敞舒适、蕴含着浓郁的文化气息。拥有客房80余间，包括商务标间、豪华标间和寻梦木屋，可容纳160多名游客同时入住。每个房间都可欣赏到酒店外秀美的自然风光。全套先进的会议服务设施，拥有可容纳100余人的各类会议室、多功能厅。同时可容纳180人的餐厅，提供特色农家风味、山珍、土味任由品尝，并有5个装修豪华的特色包厢。是集合温泉养生、游泳、沐浴、自助餐饮、休闲娱乐、商务洽谈等为一体的大型温泉度假主题酒店。

■ 神龙谷漂流——挡不住的诱惑

神龙谷漂流位于遂昌县垵口乡大山村，距遂昌县城28公里。漂流河段地处瓯江源头的峡谷，全程约4公里，游程历2小时。河道水流澄澈，水体纯净，有落差跌水40余处，被称为最有特色的峡谷漂流。

漂流分勇士漂和休闲漂两种：勇士漂全程惊险刺激，湍急的流水，九曲十八弯的滑道，40余处的落差，让您感受胆战心惊的瞬间；休闲漂逍遥、惬意，轻舟顺溪流荡漾，享受超凡脱俗的悠闲自在。

旅游服务信息

景区门票：

勇士漂160元/人

逍遥漂90 元/人

交通：遂昌至根竹口/桂洋中巴车，在漂流码头下车，每天8:00、10:30、11:00、12:00、14:00。

■ 乌溪江漂流——演绎人与大自然抗争的精彩瞬间

乌溪江漂流位于遂昌县王村口镇大溪坝，距县城55公里，漂流河段全程3.5公里，漂流时间约1小时。沿河两岸绿树婆娑，鸟歌蝉吟，生机盎然。置身于皮筏中，随溪流跌宕起伏，或急或缓。激流处，刺激惊险。在享受绿色健康生活的同时，还可以体验红色旅游文化。漂流途经浙江省红色经典景区的白鹤尖、师部旧址、蔡相庙、月光山公园、天后宫等景点。

旅游服务信息

景区门票：空中漂168元/人，生态漂98元/人。

交通：

1.上海、杭州到遂昌乌溪江漂流自驾车路线：走杭金衢高速至龙游转龙丽高速到遂昌出口下，往西走S227省道至王村口遂昌乌溪江漂流景区。

2.宁波到遂昌乌溪江漂流自驾车路线：走甬金高速转杭金衢高速至龙游转龙丽高速到遂昌出口下，往西走S227省道至王村口遂昌乌溪江漂流景区。

3.温州到遂昌乌溪江漂流自驾车路线：走金丽温高速至丽水转龙丽高速到遂昌出口下，往西走S227省道至王村口遂昌乌溪江漂流景区。

4.遂昌至龙洋中巴车经过，大溪坝下车。每小时一辆班车。

联系电话：0578-8456911

乌溪江漂流开放时间：8:00—16:00

■ 黄金谷漂流——与浪共舞的激情之旅

黄金谷漂流景区位于遂昌县濂竹乡牛头山主峰东南的峡谷中，景区距遂昌县城25公里，距龙丽高速遂昌东出口18公里，距遂昌金矿国家矿山公园6公里。

漂流全长约3公里，落差约160米，有落差跌水20多个，单级落差最大达16米；景区内植被茂密，空气清新，水质纯净，是可直接饮用的山泉水。在这里除了水潺、风呼、鸟语、虫鸣，听不到任何喧哗，嗅不到任何污浊。

黄金谷漂流是华东地区自然生态与惊险刺激结合最完美的峡谷探险漂流！赶快来黄金谷与浪共舞吧！

旅游服务信息

景区门票：138元/人

交通：

　　遂昌县城或高速遂昌东出口往遂昌金矿至濂竹乡小岱村。公交遂昌县城至小岱班车，在直源村站下车，上午三班，下午三班。遂昌县城至武义班车，在直源村下车，上午一班，下午一班。

大美湖山

湖之光 山之色

五行遂昌游
金木水火土之——

火

火与血的颜色，鲜红的记忆。
浙西南革命史上，遂昌留下了光辉的一页：
泉湖寺的灯光，照亮了镰刀斧头的旗帜；
塘岭头的土铳，吹响了武装斗争的号角；
蔡相庙的案桌，见证了苏维埃政权的大印；
门阵村的古樟，记述着国共合作抗日的往事。
粟裕、刘英率红军挺进师在遂昌，
金戈铁马，浴血奋战，可歌可泣。

■ 王村口——浙西南游击根据地中心

王村口位于遂昌县西南部，地处国家级自然保护区九龙山东麓，距县城55公里。

王村口镇历史悠久，明清以来，集镇已具规模。水陆码头，舟楫往返，商贸繁荣。东西两街有商铺50余家，有"小上海"之称。

古镇革命遗迹丰富。1934年底至1935年初，红军抗日先遣队洪家云部曾二次袭取王村口。1935年7月，粟裕、刘英率中国工农红军挺进师进驻王村口，进行革命宣传，建立苏维埃政权，开展反围剿斗争，开辟了浙西南游击根据地，师部和领导中心就设在王村口。三年艰苦卓绝的游击斗争给王村口留下了许多革命遗迹和故事。1997年，王村口红军挺进师革命纪念建筑群——天后宫、宏济桥、蔡相庙、师部旧址、白鹤尖、月光山公园被公布为浙江省级文物保护单位。2001年王村口被列为浙江省级爱国主义教育基地，2009年被列为浙江省中共党史教育基地，2012年被评为全国第二批红色旅游经典景区。

精彩看点

■ 中国工农红军挺进师纪念馆

纪念馆位于王村口镇月光山麓公路旁桥头。纪念馆采用文字、照片、图画、图表、实物、情景再现、雕塑、声光电控等形式展示，分"策应长征，临危受命"；"挺进浙江，掀起革命高潮"；"浴血奋战，再次掀起革命高潮"；"坚决斗争，实现团结抗日"；"挺进师烈士永垂不朽"；"丰

功伟绩，光照千秋"；"鱼水情深，百世景仰" 7部分，全面系统地展示挺进师的战斗历程，宣传挺进师的丰功伟绩以及王村口在中国革命历史上的地位。

■ 粟裕将军陵园（月光山公园）

陵园位于王村口镇乌溪江西岸月光山麓。1984年2月，粟裕将军与世长辞。5月15日，遵其遗愿，中共中央军委办公厅

及其亲属将其部分骨灰敬撒于月光山。中共遂昌县委特在此建粟裕将军陵园，立纪念碑亭。建筑面积780平方米。大理石纪念碑正面刻有时任全国人大常委会副委员长叶飞题写的"粟裕同志纪念碑"七个镏金大字，背面刻粟裕生平简介。1985年4月5日陵园落成时，粟裕夫人楚青携子女前往祭奠，亲手植下两株广玉兰，并题诗两首。

■ 宏济桥

宏济桥位于王村口桥东、桥西两村之间。东西走向，横跨关川溪，是古时通衢（州）入闽要津。明代始建，初名济川石桥；清康熙二十五年（1686年）洪水冲毁重建，称济川桥；乾隆五十三年（1788年）再毁再建，易名宝善石桥；光绪初又毁于水，重建木廊屋桥，改名宏济桥。"民国"十六年（1927年）重修，至今保存完好。桥长35米，主桥九间，引桥四间。

1935年8月26日，红军挺进师在此召开群众大会，成立了王村口苏维埃政府。1936年6月，粟裕率部再度袭取王村口，恢复浙西南的工作，在此召开群众大会，粟裕将军亲自向群众作抗日宣传演说。

■ 天后宫

天后宫位于王村口桥东村，又名天妃宫。始建于乾隆五十九年（1794年），光绪十八年（1892年）重修，保存完整。天后宫坐东朝西，两进五开间，木架结构。梁柱雕龙画凤，栩栩如生。天后宫门前曾是王村口的码头，人来船往，热闹非凡。

1935年7月，中国工农红军挺进师进驻王村口，创建游击根据地，天后宫是红军的重要活动场所。7月29日，红军挺进师在此召开八一誓师大会。粟裕将军慷慨陈词，部署"八一缴枪"、"扩红"竞赛活动，号召以实际行动扩大革命影响。会后，挺进师各纵队分路出击，前后突袭衢州、龙游等19个城镇，挺进师部队从500余人发展到1000余人。有力地推进了浙西南游击根据地的建设。

■ 蔡相庙

蔡相庙位于王村口桥西村，始建于清乾隆年间，清光绪初年和民国初年曾两度修葺。整体建筑面积499平方米，平面呈"品"字形结构。正屋坐东北朝西南，两进三开间。相传五代年间，遂昌西乡有蔡氏24位异姓兄弟，正直善良，带领乡亲伐木，为乡邻做好事。伐木殉难后，百姓深信他们已得道成仙，保佑百姓，故特立庙以祀。

1935年7月，挺进师进驻王村口后，蔡相庙成为挺进师主要领导人办公地、挺进师政委会会议地、王村口苏维埃政府驻地。

■ 师部旧址

旧址位于王村口桥西村街道西侧，为建于民国初年的程姓民居，是清末民初典型的江南民居建筑。

1935年7月，中国工农红军挺进师进驻王村口，见程宅前面街，后临溪，视野开阔，进退皆宜，选择为师部机关驻地。粟裕、刘英及师部机关人员居住于此。

■ 白鹤尖

白鹤尖位于王村口西南端，西临乌溪江，东为通向龙泉、福建的古道，是进出王村口的咽喉要塞。1934年12月17日和1935年1月2日，红军抗日先遣队洪家云部两度袭取王村口，攻占白鹤尖。1935年7月，中国工农红军挺进师进驻王村口后，在此修筑战壕，以固防守。1935年9月，国民党军大举进攻游击根据地，洪家云率部在此与国民党军浴血奋战。1936年6月，粟裕率部智取王村口时，首先攻占此地。1985年，在此建"红军亭"，以示纪念。

好耍好玩

■ 小红军体验学校

小红军体验学校位于原王村口中学校址，学校以思想道德建设为主旨，通过组织形式多样的夏令营活动，锻炼意志、磨炼毅力。体验内容有"吃一餐红军饭、唱一首红歌、看一部红色影片、体验一个红色岗位"、"真人CS"、"信任被摔"和"飞夺泸定桥"等。

旅游服务信息

■ 自驾游

1.龙丽高速公路遂昌出口下，往西走51省道经三仁——大柘——石练——焦滩——王村口。

2.沿途及附近乡村农家乐村（点）：三仁凤凰山庄、大柘大田村农家乐、石练路堰村、黄皮村农家乐、焦滩鱼头一条街、盛杨农家乐、大众饭店、大溪坝农家乐等。

■ 自助游

班车时刻表

中巴车	遂昌到王村口		王村口到遂昌	
	6:40	8:00	7:00	8:20
	7:30	8:50	7:30	8:50
	8:20	9:40	8:00	9:20
	9:10	10:30	8:30	9:50
	10:00	11:20	9:00	10:20
	11:00	12:20	9:30	10:50
	12:00	13:20	10:00	11:20
星期一至星期日	13:00	14:20	11:00	12:20
	14:00	15:20	12:00	13:20
	15:00	16:20	13:00	14:20
	16:00	17:20	13:30	14:50
	17:00	18:20	14:00	15:20
			15:00	16:20
			16:00	17:20
			17:00	18:20

■ 王村口特产

【高山四季豆】

四季豆性甘、淡、微温，常吃可健脾胃，有调和脏腑、安养精神、益气健脾、消暑化湿和利水消肿的功效。王村口四季豆产地，山高水清，无污染，是遂昌县无公害山地生态蔬菜之一。

■ 住宿推荐

古镇假日酒店位于王村口镇桥东村，该酒店设施齐全，环境适宜，风格古色古香。为满足客户要求，酒店设有餐饮、住宿及娱乐，可承接200人同时就餐，另可承办中小型宴席。拥有标间40余间，棋牌室5间。

咨询电话：0578-8456088

森林宾馆位于王村口镇桥东村，该宾馆环境适宜，房间窗外就是乌溪江，景色优美。宾馆设有餐饮、住宿及娱乐，可承接100人同时就餐。拥有标间21间，电脑房7间，单人间4间，棋牌室1间。

咨询电话：0578-8456543

大众宾馆位于王村口镇桥头，该宾馆设施齐全，设有餐饮、住宿及娱乐，可承接120人同时就餐。拥有标间6间，单人间6间，电脑房2间，棋牌室1间。

咨询电话：0578-8456329

■ 大柘泉湖寺——浙西南第一个中共支部诞生地

泉湖寺，位于柘溪东岸的苦槠山下，始建于清嘉庆年间，1914年重建。前有柘溪流水潺潺，后依青山绿荫葱葱，被称为“泉湖胜境”。寺内历来为习文讲学之所，又称“文昌阁”、“文昌书院”。1923年，遂昌县立第二高等小学迁到泉湖寺。

1926年12月，遂昌籍中共党员唐公宪、谢云巢同返故里，秘密创建中共遂昌组织。谢云巢在泉湖寺发展教员陈恂、杨立程和工友傅九德加入了中国共产党。1927年1月，在泉湖寺建立浙西南第一个中共支部——中共遂昌支部。

2003年，泉湖寺得以全面修缮，布置了遂昌革命斗争史展览。中共遂昌支部旧址（大柘泉湖寺）被列为丽水市爱国主义教育基地、遂昌县文物保护单位。

周边景点：汤沐园温泉、龙谷丽人观光园

周边农家乐：大田村农家乐

■ 金竹塘岭头——浙西南第一个中共县委成立地

1927年2月初，唐公宪、谢云巢在塘岭头村建立了遂昌第二个中共组织——中共塘岭头支部，时有党员15名。"四一二"政变后，中共支部转入地下活动。1927年10月底，隐蔽于外地的谢云巢、傅以和秘密返回遂昌，在塘岭头村傅正友公祠召开党员骨干会议，传达中共中央"八七"会议精神，建立了浙西南地区第一个县级共产党组织——中共遂昌县委。1928年4月，组建了浙西南第一支革命武装——遂昌县工农革命军（遂昌农军），发动了武装暴动，打响了中国共产党在浙西南开展武装斗争的第一枪。

傅正友公祠始建于清光绪年间，现经保护修葺，陈列着中共遂昌县委斗争史图片，为遂昌县爱国主义教育基地。

周边景点：红星坪温泉度假村、湖山风情小镇

当地特产：金竹山茶油

■ 门阵村——国共和谈纪念地

门阵，是粟裕率领红军挺进师建立的遂（昌）宣（平）汤（溪）游击根据地的中心，是粟裕率部与国民党遂昌县当局开展合作抗日和谈，结束三年游击战争之地，也是新中国成立后粟裕曾多次派员视察并帮助建设的地方。

1937年9月，在门阵一带活动的挺进师侦悉国共两党实现了第二次合作。粟裕随即化名"苏群"致函国民党遂昌县当局，提出举行国共合作抗日谈判的建议。10月14日，粟裕指派谢文清、刘清扬与国

民党遂昌县当局代表在门阵举行抗日合作和谈，获得成功。

门阵村现存的革命旧址和纪念设施有门阵国共和谈旧址、门阵国共和谈纪念碑（亭）、军民联欢会旧址、粟裕与门阵和谈历史陈列室、苏群桥以及同心亭。2010年2月该革命旧址被中共丽水市委、丽水市人民政府公布为丽水市爱国主义教育基地。

五行遂昌游
金木水火土之——

土

五行之一，自然之本。
历史悠久、生态优越的遂昌大地，
乡土文化底蕴深厚，
乡土村落古朴隽美，
乡村节庆丰富多彩，
乡村农家休闲养生。

■ 乡村农家乐

遂昌充分发挥金山林海的山水优势，努力发掘仙县遂昌的文化资源，着力发展"健康、快乐、休闲、养生"的乡村休闲旅游。全县建成农家乐村（点）76个，经营户482户，床位达5400个，餐位达45200个。有省级特色村6个，五星级经营点2个，四星级经营户6户，四星级经营点3个，市级特色村13个，市级特色点7个。

■ 避暑休闲　养生高坪

高坪乡地处遂昌县西北部，离县城53公里。全乡总面积48平方公里，平均海拔800多米，千米以上的山峰有30余座，是遂昌县海拔最高的乡镇。

高坪乡依托石姆岩、万亩杜鹃等景区资源和良好的高山气候优势，开发以避暑、休闲、养生为特色的农家乐。形成了丹山花海生态观光、特色民宿避暑疗养、高山休闲农业体验和主题民宿节庆体验四大旅游品牌。

全乡有高坪新村、茶树坪、湖连、箍桶丘四个农家乐专业村点，100多户经营户，1000多个床位。做客高坪农家，观赏万亩杜鹃美景，细品桃溪特产香茶，欣赏民间茶灯表演，采摘野果山珍，品尝高山原生态土牛羊肉，尽享山乡田园的舒适与恬淡。

■ 清凉山居——高坪新村

高坪新村农家乐位于高坪乡政府所在地，地处海拔850米的高山盆地。年平均气温13.4℃，7月平均气温24℃左右。新建的农家乐接待中心大楼以及20多幢农家别墅，有200多个床位。协会为农户统一安装无线网络和闭路电视，可免费上网和拨打长途电话，被誉为宾馆式的农家乐。接待中心大楼有原生态农产品销售展示。村农家乐实行协会"四统一"接待。原生态蔬菜观光园，瓜果飘香，提供原生态高山蔬菜，游客可参与农事体验，采摘、品尝新鲜蔬果。

联系电话：包孙雄　18606787555（678688）

■ 万亩杜鹃——茶树坪村

茶树坪村海拔1000余米，夏季平均气温24℃。每年5月初，村后桃源尖，在海拔1400多米的高山上，杜鹃花开满山红遍，方圆十里一片花海，蔚为壮观，被称为"万亩杜鹃"。该村依托"万亩杜鹃长廊"特色，已发展农家乐37户，拥有250多个接待床位，村农家乐协会统一规范管理，并与外地的旅行社建立友好合作关系。旅客到茶树坪村避暑休闲，一住就是一个星期至半个月，有的住一个多月。村里还根据游客的需求，组织安排到周边的景区游览，开展文化联谊活动。游客在茶树坪村住得舒心，吃得放心，玩得开心。

联系电话：黄久富　13867086069（686069）

■ 石姆胜境——箍桶丘村

箍桶丘村地处石姆岩景区东麓，村庄海拔850米，梯田民居错落在山坡间，坐在农家屋里可一览石姆岩全景。村周有水帘洞、狮子岩、石门、人岩、月光岩、三层岩等岩石奇观，富有美丽的传说。经水帘洞、狮子岩，可登山至石姆岩，而从石门塘自然村往石姆岩，距离最近，且山路平缓。村里有15户农家乐，标准床位200多个。另设有门球场、石门垂钓池等设施。当地空气清新，盛夏最高温度26℃。住石姆胜境农家，享清凉休闲乐趣。

联系电话：林土松　15990877089（677089）

■ 茶香汤沐——大田村

大田村位于遂昌县城西20公里处，是通往南尖岩、千佛

山、湖山温泉和红色古镇王村口等主要景区的必经之地。村庄历史悠久，文化底蕴深厚。村周碧水环绕，茶山叠翠，风光秀丽，溪水环围，形如弓月。村口巡门山下有一股清泉，无论冬夏，其水温暖可濯，古称"汤溪"。

大田村依托区域环境优势，引进资金，开发汤沐园温泉，创建龙谷丽人茶叶观光园，建起旅游接待中心"茶香苑"。全村有44个农户办起农家乐，设床位650个、餐位2000多个。2011年，大田村被评为省级农家乐特色村，茶香苑和龙谷丽人茶叶观光园被评为省四星级农家乐。

■ 高山流水——三井村

三井村位于遂昌县城西北37公里处，地处白马山国家森林公园境内，村庄海拔975米，年平均气温在18℃左右，夏季最高温度28.3℃，空气中负氧离子含量20000个/立方厘

米。这里"常年云雾，夏季无夏，冬季丰雪，春花迟发"，是夏季避暑、冬季赏雪的胜地。

2006年以来，三井村围绕"龙井水、三井茶、农家屋、高山菜"的主题特色，打造生态农家。全村有27户农家乐，

床位200余个，餐位2000余个。每年夏季都有杭州、上海等地的游客慕名前来避暑度假，享受世外桃源的山村生活。三井村先后荣获"浙江美丽乡村"、"省级生态旅游观光园"、"省级农家乐特色村"等称号。

■ 状元文化——鞍山书院

鞍山书院位于长濂村西南马鞍山麓，建于明代中期，为三进五开间两厢式院落，占地面积600多平方米。书院前部为门厅、讲堂，两侧设书房，为学生温习和住宿之所，后为藏书  楼、斋舍和厨房。书房外设檐廊、花坛、水池，清泉细流，锦鲤游戏，鸟语花香，文雅清幽。明嘉靖年间，长濂村郑秉厚曾在鞍山书院读书，后考中进士，官至江西左参伯。万历年间，宁波杨守勤曾在鞍山书院执教，后高中状元。

长濂村发掘当地的历史文化资源，修复、开发鞍山书院景区，努力打造"状元文化"，发展乡村休闲旅游。鞍山书院景区被评为"丽水市十大休闲山庄"、"浙江省五星级农家乐特色示范点"和国家AA级景区。

省、市级农家乐特色村（点）

村、点	地址	特色	联系电话
高山流水·三井村	新路湾镇三井村	避暑	13754253176（667506）
云海仙境·石笋头村	王村口镇石笋头村	摄影、观光、避暑	13646886477（661477）
万亩杜鹃·茶树坪村	高坪乡茶树坪村	观光、避暑	13867086069（686069）
香茶汤沐·大田村	大柘镇大田村	森林温泉、品茶	13905786335（666535）
千年银都·刘坞村	云峰镇银都村	乡野、农耕	13857045720（645720）
乡野漂流·大山村	坑口乡大山村	乡野漂流	13676504571（648571）
湖山温泉·度假村	湖山红星村	温泉	0578—8155158
长濂鞍山书院	云峰街道长濂村	明代文化	0578—8195628
三井明贡山庄	新路湾镇三井村	观光、避暑	13567645729
竹海休闲山庄	三仁乡周村村	竹海观光	13957065789（665789）
银都银庄	云峰镇银都村	银都文化	13867056588（656588）
梧桐仙迹·蘑菇园	云峰镇	农事体验	13957066766（660766）
大田村茶香苑	大柘镇大田村	观光、品茶	159880　26318（663318）
茶叶观光园	大柘镇大田村	观光、品名茶	13957067018（667018）
渔歌青年旅舍	湖山乡红星坪村	垂钓	15057877388（654388）
红色之旅·弓桥头村	王村口镇弓桥头村	红色文化	13587180629（680629）
桃溪胜境·小金竹村	应村乡小金竹村	观光、自行车运动	13754277556（677556）
温泉渔歌·红星坪村	湖山乡红星坪村	温泉、垂钓	15057877388（654388）
湖光山色·珠村畈村	湖山乡白坛村	山水观光、民俗体验	15990417460（678460）
古松长廊·小岱村	濂村乡小岱村	古松长廊	13857096530（696530）
果蔬农家·黄皮村	石练镇黄皮村	果蔬农家	13857096530（696530）
梯田古韵·大柯村	蔡原乡大柯村	古村落文化、摄影	15024663689（658689）
仙霞飞瀑·徐村	坑口乡徐村	仙霞飞瀑、观光	13757826031（626031）
青云牛宴·大马埠村	新路湾镇大马埠村	品牛宴	13757856060（656060）
竹海梯田·大坑村	王村口镇大坑村	竹海梯田、观光	13857060255（678255）
焦滩鱼头·焦磜村	焦滩乡焦磜村	美食、山水观光	13857046447（666447）
红豆养身·汤山头村	妙高镇汤山头村	红豆杉群	13906786726（661726）
中国竹炭博物馆	遂昌上江村	竹炭文化	0578—8185018
金百木养生花园	成屏村	花卉欣赏	15869203211（683211）
开心农场·天翼农庄	云峰街道社后村	农事体验	13857047130（647130）
戏曲情韵·三墩山庄	三墩桥村	戏曲文化	13957046696（646696）
绿谷农家	坑口乡根竹口村	山水观光、运动	13906886200（662200）

好耍好玩

■ 镭王野战俱乐部——野战拓展 体验真实

镭王野战俱乐部位于县城上江竹炭工业园区内，是一家以激光发射器为器具，以拓展项目为手段，以快乐、健康、励志为目标的素质拓展训练的机构。

镭王拓训依托浙江林学院旅游与健康学院师资团队提供的技术支撑。可提供素质拓训类、快乐健身类、野战定向类、家庭励志类、国防教育类等专业服务。开展心理减压、网瘾戒除、人才提升、团队精神等项目的拓训。俱乐部拥有竹炭博物馆营地、金矿地道战营地、南尖岩营地、千佛山营地、红星坪营地、神龙谷丛林战营地等户外拓展活动场地。依托国家地质遗迹、国家森林公园内优美的场地优势，将拓训项目与自然景观、山水风光相结合，倡导在休闲中训练，在训练中休闲，将训练与景观、娱乐、休闲有机结合。俱乐部生活设施及训练设施完备，可为机关、企事业单位提供专业培训，学校军训等拓训服务。

门票

体验版主营地：120元/人。　飞石岭营地：150元/人。

南尖岩营地：150元/人。　金矿营地：180元/人。

红星坪营地：150元/人。　神龙谷营地：150元/人。

机关、企事业单位拓训版：主营地360元/人

联系电话：0578-8185808

■ 历史文化名村

遂昌历史悠久，文化遗产丰富。全县在第三次全国文物普查调查登记的文物建筑有1064处，古村落有20多个。其中焦滩乡独山村、云峰镇长濂村、新路湾镇蕉川村被列为历史文化名村。

■ 深山古寨——独山村

焦滩乡独山村位于遂昌县城西48公里的九龙山麓乌溪江

畔。村东文笔峰、石梯峰高耸环卫，村西天马山孤峙江边，村庄由此而名"独山"。独山又称"天马山"，山的西麓下临深潭，石壁如削，有小赤壁、栖灵岩、石楼、石户、石天窗、钻云墩、武夷洞、仙梯石、仙人濯足石等胜迹。

南宋孝宗年间，南宋尚书左承叶梦得的曾孙叶峦从松阳县古市卯山后村迁居独山，繁衍发族。嘉靖四十一年（1562年），村中叶以蕃考中第二甲第十九名进士，官工部员外郎。一时村中文风卓盛，名士辈出，胜迹日辟，村容大壮，人称"独山府"。明万历年间，遂昌知县汤显祖与独山叶

澳结为好友，多次到独山游览，留下了脍炙人口的诗文。叶澳的两个弟弟叶梧、叶干也拜汤显祖为师。

如今，独山村街两旁房屋墙脚的卵石一排排地整齐排列，保持典型的明代建筑风格，被誉为"明代一条街"。村中明隆庆三年的石牌坊为省级文物保护单位。叶氏宗祠、葆守祠、寨墙谯楼、正统九年井、隆庆元年井、未名古井、财神庙、栖灵岩摩崖为县级文物保护单位。另有旌节牌门、叶尚同民居、蔡王庙等古建筑。1991年，独山村被列为浙江省首批历史文化保护区。

■ 明代市井——长濂村

云峰镇长濂村位于遂昌县城东12公里的濂溪畔。村周青山环抱，村前濂溪潆洄。濂溪自赤尖山下绕村前经过，在蛇山和龟山之间折成九曲环流，古有"七尖八坪九曲水"之称。

南宋时，郑姓宾公徙居长濂，至明代为兴盛。隆庆五年（1571年），郑秉厚（1535－1587年）考中进士，官至江

西左参伯。他在村中建造宅第，人称"相府"。村中有镇西楼、玉峰阁、双清阁、文昌阁、接官亭、公正亭、皆春亭、熙碑亭、玉泉亭、偕乐亭、敬义亭等建筑。村边有"台山叠翠"、"濂水回澜"、"马鞍风韵"、"龟麓晴光"、"梅阁双清"、"松台一览"、"春町耕云"、"夏湄钩月"等八景。明万历年间，鄞州杨守勤曾在鞍山书院执教，后考中状元。

村中现存明清建筑30多座，郑氏宗祠、郑秉厚府第、绣楼、蒙童书堂、滋德堂、宝俭堂为省级文物保护单位。

长濂村发掘历史文化资源，建设文化名村。鞍山书院景区被评为AA级风景旅游区，省五星级农家乐示范点。长濂村连续被评为丽水市十大文化名村、省级文明村、文化名村、全国文明村。

■ 蕉荫山乡——蕉川村

新路湾镇蕉川村，又称蕉村，位于遂昌县城北10公里。这里田畈平展开阔，周围山峦环卫，形成一个芭蕉形的小盆地，史称"蕉川"，又称"蕉村"。南宋至明代，周、张、叶、李四大姓迁居蕉川，蕉川有三个张氏宗祠，都是唐代丞相张九龄的后裔。

清代的《蕉川周氏宗谱序》写道："蕉之为物，善庇本根，川之为源，实为本始。蕉可种之，以成绿天。川能达之，以放四海。江海纳百川，天月印万川，其百其万，实在一本。"诗情画意的描述蕴含着"天人合一"的哲理和丰厚

的蕉川文化。据《蕉川里景诗》记载，有灵峰文笔、泮岭醴泉、石上仙踪、月山牧笛、陇头晓雾、福圣晚钟、石潭明月、常乐晴岚、石笋挺秀、百花雅洞、七棋仙迹、荷硑馥郁、金石丛林、香炉彩篆、日月华光、白硑主人等景胜。

全村有文物建筑41处，是全县保存文物最多的村。蕉川潘家大屋为第三次全国文物普查重要新发现之一。潘家大屋（含潘家粮仓）和叶氏宗祠、七间大屋、周家大屋、周氏祠、叶炳林民居等为省级文物保护单位。

■特色文化品牌

遂昌历史悠久，文化底蕴深厚。四千年前的好川文化被誉为"东南文明的曙光"；明代万历年间，著名的文学家、戏剧家汤显祖在遂昌主政五年，写下了不朽名著《牡丹亭》；几百年来，"遂昌昆曲十番"在民间世代传承，被列入国家级非物质文化遗产保护名录。

■好川文化

1997年，遂昌县三仁畲族乡好川村发掘的好川遗址，清理面积4000多平方米，发掘墓葬80处，出土玉器、石器、陶器、漆器1028件（组）。好川遗址属新石器时代晚期，在浙西南地区是首次发现，是史前

考古的重大突破，被评为1997全国重大考古新发现提名荣誉奖。好川墓地的相对年代为距今4300～3700年，前后长达五百多年，约为良渚晚期至夏商时期。好川墓地位于浙西南山区，具有浓郁鲜明的地域特色，是一支分布于浙西南仙霞岭山区的新石器时代末期的考古学文化——好川文化，是至今发现的瓯江流域最早的历史文化。

■ 汤显祖文化

汤显祖（1550-1616年）字义仍，号若士，江西临川人，是我国著名的文学家、戏剧家。明万历二十一年（1593年）至二十六年（1598年）任遂昌知县五年。他积极施行"仁政惠民"的治县方针，关心文教，创相圃书院，建尊经阁；重视农业，劝农耕作，发展生产；整顿治安，抑制豪强，灭除虎患；贯彩从教，除夕遣囚，纵囚观灯；办了许多好事、实事，深受百姓的爱戴。他政务闲暇时，与文人学士吟唱寄情，写了大量题咏遂昌山水的诗文，在遂昌改定了《紫钗记》传奇，创作了名著《牡丹亭》，给遂昌留下了珍贵的文化遗产。《牡丹亭》是汤显祖的代表作，被誉为世界文化名著，汤显祖被誉为世界文化名人，人称"东方的莎士比亚"。

遂昌县委、县政府充分利用"汤显祖世界文化名人"、"《牡丹亭》世界文化名著"、"昆曲世界文化遗产"三大名片，着力打造汤显祖文化品牌，建成遂昌汤显祖纪念馆，成立汤显祖研究会，多次举办汤显祖文化节、班春劝农节。2010年以来，遂昌与莎士比亚的故乡——英国斯特拉夫德市"联姻"，开展国际文化交流。遂昌县政府组团，昆曲《牡丹亭》赴英国斯特拉夫德市演出。

■ 遂昌昆曲十番

十番是明代晚期流行于江南民间的一种器乐演奏形式。遂昌昆曲十番以演奏《牡丹亭》、《紫钗记》、《南柯记》、《邯郸记》、《长生殿》、《浣纱记》等传统名剧的昆曲曲牌而远近闻名，在国内罕见。

遂昌昆曲十番以笙、笛、云锣、梅管、提琴、双清、三弦、小鼓、檀板等管弦乐器为组合，演奏《牡丹亭》等传统名剧曲牌。专家研究证明，遂昌昆曲十番的源头直接来自"正昆（苏昆）"的曲唱谱。遂昌昆曲十番的产生与流传，与汤显祖有一定的关系。

2000年以来，遂昌开始挖掘保护昆曲十番，县政府公布了昆曲十番传习基地、昆曲十番传承学校，组建了多个昆曲十番队和昆曲十番古乐坊。遂昌县被命名为中国民间文化艺术之乡（昆曲十番）。遂昌昆曲十番被列入第一批国家级非物质文化遗产保护名录。

■ 节庆文化

遂昌民间传统的节庆活动丰富多彩。多年来，遂昌县委、县政府十分重视非物质文化遗产的保护和传承工作，充分发掘传统节庆活动的文化内涵，推陈出新，以汤显祖文化劝农节为主导，恢复了石练七月会，发展了北界红提节、金竹山茶油节、大柯摄影节等20多个富有地方特色的乡村文化节庆品牌。

■ 汤显祖文化劝农节

汤显祖在任遂昌知县期间，清政惠民，关心、重视农业生产。春三二月，率领衙役带着花酒和春鞭，下乡劝农耕作，写下了许多劝农诗，并把在遂昌劝农的经历写进了《牡丹亭》。汤显祖劝农的诗文，至今脍炙人口，广为传颂。近年来，遂昌县委、县政府成功举办了多次"汤显祖文化劝农节"。

汤显祖文化劝农节取名"班春"，分祭春、鞭春、开春三部分。祭春：装扮的汤显祖率身穿明代服饰的迎春队伍高擎"班春"、"风调雨顺"、"五谷丰登"等字的大旗，抬着花酒，春鞭队、茶灯队、春牛队簇拥着春牛和供品，祭拜先农。鞭春：装扮的汤显祖和现任的县长为农民插花、赏酒、赠春鞭。参加仪式的有关领导举起春鞭打春牛，五谷溢出，众人欢呼舞蹈。开春：县领导带头下田扶犁耕田，农妇奉新茶、春饼、萝卜到田边，大家品尝开春。

班春的现场，即遂昌土特产品和乡村农家乐休闲旅游的展示。其场面宏大，喜庆热烈，弘扬了优秀的传统文化，宣

传了政府重视三农的政策，促进了乡村休闲旅游发展。

■ 石练七月会

石练七月会，又名"秋赛会"，是古时在夏耘之后，秋收之前农闲时节的一场大规模的民间文化娱乐活动。恭迎石坑口蔡王殿的蔡相大帝巡游十六坦（村），每坦一天，会期达20余天。届时商贾云集，是买卖所需的乡村物资信息交易会，也是家家户户亲戚朋友的团聚会，是全县时间最长、范围最广、规模最大的民间庙会。

七月会上午迎神巡游，下午、晚上在"蔡相行宫"（祭亭）演戏。迎神巡游的旗幡队、锣鼓队、军乐队、腰鼓队、秧歌队浩浩荡荡，礼炮震天，旗幡蔽日，笙歌嘹绕，鼓乐喧闹。最引人注目的是昆曲十番和台阁。台阁用铁条打制成台架，把几个小孩绑扎在铁架上，巧妙地扎扮出各种奇特的传统戏剧人物艺术造型，惊险绝伦，令人叹为观止。传统的台阁造型有"茶馆开弓"、"断桥"、"哪吒闹海"、"麻姑献寿"、"桃园结义"等内容，近年又新推出汤显祖遂昌兴教办学、劝农耕作、灭虎除害、纵囚观灯、著书《牡丹亭》等造型。

■ 北界红提节

北界镇红提种植面积达2040余亩，红提产业成为农民增收的重要渠道。

北界镇每年举办红提节，与发展乡村休闲旅游相结合，举行红提开摘仪式，推出红提免费品尝、"爱心红提拍卖会"、"红提大王"及"红提状元"评选、农民趣味运动会、书画展、文艺晚会、桃源溪鱼垂钓、"红提产业发展与乡村休闲旅游"主题论坛等系列活动。北界红提的知名度进一步扩大，红提产业进一步发展。

种植户成立了红提协会和红提专业合作社，形成了红提产业化、规模化、组织化的发展。生产实行数字化管理，栽培管理确定量化指标，销售使用统一品牌标识和质量追溯标志。

"北界红提"以其"原生态、自然红"的独特品质通过了国家有机产品认证，荣获"浙江省无公害农产品"、"丽水市绿色农产品"称号。

■ 金竹山茶油节

金竹镇是山油茶的天然分布区，有两千多年的栽培历史，素有"浙西南油库"之称。全镇现有天然原生态山油茶林2.8万亩，年产油茶籽30万公斤。镇政府投资修复了传统的榨油坊，保护和传承传统榨油技艺。每年举办"金竹山油茶开榨节"，有山油文化展示、原生态山油茶林休闲游、山茶油

特色小吃品尝、山油茶产业发展论坛等，倡导科学健康的生活方式，展示山油茶文化的独特魅力，有效地促进了山茶油产业的发展。

山茶油生产的基地化、集约化、标准化，走上了农工贸一体化、产加销一条龙的发展之路。金竹牌山茶油通过无公害农产品认证、全国工业产品生产质量安全QS认证，荣获"浙江省优质农产品"、"中国轻工质量合格产品"称号。原生态山茶油作为国宴用品引进中南海。"金竹牌"原生态山茶油连续三年荣获国际健康营养油食用产业博览会金奖，并荣获第七届中国（北京）国际高端食用油博览会金奖。金竹山茶油成功打开北京、上海、杭州等地的市场。

■ 大柯摄影文化节

蔡源乡大柯村位于遂昌县城西南50公里的九龙山麓海拔

560米的山坡上，满坡层层叠叠的梯田，黄墙黛瓦的民居错落有致地镶嵌其间。清晨，屋顶袅袅炊烟轻缭；雨后，山坡层层雾纱披绕。四季景色各异，梯田斑斓。

大柯的梯田村落美景，吸引了一批批摄影爱好者。近年来，大柯村举办多届"走进大柯"摄影文化节，国内外的摄影家相聚大柯，赏山村民居美景、摄江南梯田风光、品蔡和文化古韵、享山区农耕情趣。

摄影节期间有蔡和文化展示，农耕文化展示，民间工艺展示，农特小吃和产品展示，优秀的蔡和文化、民俗风情、农耕文化与梯田风光相结合，内容丰富多彩。大柯村成为摄影爱好者的神往之地，被列为乡村摄影创作基地。大柯山水风光和蔡和文化通过摄影家的镜头走向全国，走向世界。

■传统文化

遂昌历史文化积淀深厚。境内历史古迹、文化遗存众多，是瓯越文化发祥地之一。千百年来，农耕文化、民间文化在历史的进程中，不断融合，创新发展，形成了博大精深的多样性文化内涵。

■ 黑陶文化

黑陶是新石器晚期良渚文化和好川文化的宝贵遗物，是东方陶瓷艺术的瑰宝。它胎质细腻、精雕细镂、古朴庄重，有着独特的审美价值。1997年在遂昌县"好川文化遗址"中也发现了大量黑陶。20世纪80年代末，遂昌开始黑陶艺术研究，选用可塑的、物理化学性能稳定的陶土，经过淘泥、拉坯、修坯、刻花、抛光、烘制等10多道工序，利用传统的封窑技术，进行渗碳工艺烧制。制

作器皿具有黑、薄、光等特点，胎质细腻，不上釉而发亮，叩之铮铮有声，古色古香，典雅庄重，被誉为"东方陶瓷艺术瑰宝"。

■ 竹炭文化

遂昌筑窑烧炭历史悠久。炭业生产是山区农民的传统产业之一，其产品有木炭、竹炭。遂昌炭业的兴起，源于唐宋，盛于明清，延续至今。遂昌竹炭文化积淀深厚。民间烧炭用炭，别具特色，充满古文明意蕴，形成了独特的地域文化。20世纪90年代以后，随着竹炭产业的形

成，炭文化得到保护和延续，长期的烧制经验和传统的烧制技术，被列入浙江省非物质文化遗产保护名录，遂昌县被授予"中国竹炭之乡"称号。

■ 茶文化

遂昌是"中国龙谷丽人名茶之乡"。自宋代以来，茶事尤盛。县人不仅饮茶有讲究，对茶的生态环境、茶的品质，且有更高的要求。明万历年间，伟大戏曲家汤显祖任遂昌知

县，在《竹屿烹茶》诗中写道："烧将玉井峰前水，来试桃溪雨后茶。"其中蕴涵着"好茶"、"活水"的茶文化元素。深山茶农将种、采、制技术代代相传，还创造出种茶、

采茶、制茶等一系列的茶文化风俗。明代初期，三井毛峰茶以色翠、香郁、味甘、形美被列为御用贡品。20世纪90年代，遂昌县开始发展名优茶，制茶加工也向名优产品和规模发展。先后开发出省部级名优茶"遂昌银猴"、"九龙剑峰"、"春来早"、"龙谷丽人"等名茶。骚客文人也以茶为题材，或作诗，或赞美，或叙茶事。"毛峰细品饶雅兴，龙谷长吟续古风"，倾注着浓郁的茶文化元素。

■ 民间艺术

■ 遂昌茶灯

遂昌茶灯是集民间灯彩、歌舞、戏曲于一体的表演艺术。始于宋代，发展于明清，传承至今。每逢乡村元宵节及民间重大节庆活动，必有"茶灯"参列，以活跃气氛。

遂昌产茶历史悠久，茶区茶事尤盛。茶农为喜庆丰收，

赞美生活，产生了诙谐、风趣、富有地方色彩和浓郁生活气息的歌舞和小戏。内容表现茶农劳动生活，以爱情居多，人物造型有自己的风格，独

具地方特色。2007年4月，遂昌茶灯被列入浙江省非物质文化遗产名录。

■ 遂昌花灯

遂昌花灯用竹、彩纸制扎。有花、鸟、虫、鱼、器具、名胜、人物等灯种，烛燃其中，提迎时配以鼓乐，唱民间小调，情趣盎然。坑西花灯集民间灯彩、小戏于一体，内容丰富：峦头花灯以"八仙"为题材，别具一格；桂洋花灯以展示观赏为特点，以戏曲人物造型见长，富有特色。遂昌花灯百花争艳，蔚为壮观，是民间艺术的一大亮点。

■ 遂昌马灯

马灯是遂昌民间喜闻乐见的表演形式，历史悠久，流传甚广。用竹篾和彩纸扎制成马形，分两段，一段缚于人身前，一段缚于人身后，烛燃其中。数匹"马"组合，配以细乐，边舞边唱。表演的队形有"龙门阵"、"八卦阵"、"五梅花阵"、"三角阵"、"剪刀阵"等。在漫长的传承历史中，根据马灯的特点，不断吸取其他民间艺术形式，丰富了马灯内容，增强了艺术性和观赏性，形成独特的风格。其中王村口镇垧头的马灯，表演艺术和表演形式都有独到之处。

■ 遂昌台阁

台阁是集民间美术、灯彩、戏曲造型于一体的表演形式。用铁条做成支架，把5～9岁的小孩固定在支架上，装扮成戏曲故事人物。其造型奇特、精巧、惊险。如《白蛇传》中的"断桥"，小

青的剑尖上挑着许仙，形态逼真，令人叹为观止。在2005年西湖博览会大型踩街活动中，遂昌台阁将《观世音》、《三打白骨精》等故事融在一起，设计制作了一座"大型三层台阁"，共有小演员20人。制作之精美，气势之恢宏，堪称台阁艺术之"极品"，杭州观众称遂昌台阁为"天下一绝"。

■ 遂昌师公舞

师公舞是一种古老的祭祀舞蹈。在遂昌畲汉民族的祭祀活动中，流行轻步徊舞的"文堂"和以铃鼓、铜钹、大锣等乐器伴舞的"武堂"。舞蹈表演时，师公戴师公帽，身穿师公衣，走罡步，按北斗七星的位置用脚划地走步，手捏诀，配合着音乐、锣鼓，边舞边唱。师公舞最精彩莫过于"翻九楼"，场面惊险壮观。

■民间工艺

遂昌民间工艺精品纷呈，刺绣、根雕、粉塑、剪纸等工艺世代传承，名家不乏其人。

■ 遂昌竹编

遂昌竹编历史悠久，技艺精湛。民间常见的日用器具有篮、盒、箱、织篓、食品箩、篾席、屏风等竹编饰品，图纹精致，涂红黑漆后，色泽黑中透红，古朴雅典。

民间艺人周予同制作竹编画，采用竹节长、柔性好的"孝顺竹"为材料，经过浸竹、开丝、染色、编织、装裱等工艺，开创了"雨点式"平面直编法，编织出了一幅幅清秀淡雅、立体感强的中国古代名家书画。其中《草堂话旧图》在第五届西湖博览会展出，获得金奖。

■ 遂昌根雕

根雕是利用树根的自然形态，经过艺术构思，确定题材，然后动刀出坯，追求自然完美，制作成工艺品，其怪绝奇巧的艺术造型，具有较高的艺术欣赏价值。

观赏性的根雕，表现在曲线线条流畅、奇特的连接和奏合，形成特有的神韵和富有自然美的独特风格，给人一种哲理的启迪、思维的拓展。实用性的根雕，如屏风、桌椅、花架、茶几等，美观大方，坚固耐用。工艺和实用的完美结合，形成根雕的特有风格。

▓ 遂昌剪纸

遂昌城乡有剪纸的传统，人们用剪纸来装饰环境、美化生活。明清时，民间喜庆，时兴剪礼花，饰在礼品上，祭祀时亦剪彩花饰于供品。剪纸创作题材广泛，构思巧妙，多采用吉祥题材的图案。形态自然，内涵丰富，富有地方色彩。

遂昌剪纸老艺人众多，分布在石练、三仁、濂竹、拓岱口等乡镇。2007年遂昌剪纸被列入遂昌县第二批非物质文化遗产保护名录。

■民间武术

遂昌西南山区的乡村，民间有习武的传统。龙洋乡西滩村茶园自然村的茶园武术，具有典型的南拳特色，招式刚劲威猛，动作多变，步稳势烈，防守严谨，具有形威、力猛、步实、手狠的风格。2009年茶园武术队参加浙江省武术比赛，获得金奖。

■原生态精品

遂昌地处钱塘江、瓯江的源头，青山绿水，生态环境质量指数位居全国第13位。得天独厚的生态资源、传统的生产方式，发展了一大批原生态农产品。

■ 原生态山茶油

山油茶，属山茶科常绿小乔木，在遂昌山区普遍生长，尤金竹镇为著。原生态的山油茶林木，生长过程不需施化肥、洒农药，其营养成分来自温湿适中的生态环境和肥沃的山地，没有大气和水的污染。

山茶树在小阳春时节开花，次年霜降油茶果成熟。山农采油茶果摊晒开裂，去外壳取茶籽晒干，后采用传统压榨工艺，全物理提炼。榨取的山茶油保持原汁原味，是纯天然、原生态、无公害的食用油。

山茶油，色清味香，耐贮藏，具有较高的营养价值和保健功能。山茶油含不饱和脂肪酸90%左右，其脂肪酸的组合与世界公认的橄榄油相似，有"东方橄榄油"之誉。长期食用山茶油，可降低胆固醇、提高血液抗氧化能力、防止心血管疾病的发生，是一种具有抗衰老、抗辐射、不发胖的健康食品，也是糖尿病和三高（高血压、高血脂、高血糖）人群的首选食用油。

■ 原生态大米

原生态水稻，利用得天独厚的自然环境，采用原生态种植模式，选用优质良种，施"农家肥"，采用太阳能杀虫灯灭虫，稻鸭共育，源头水灌溉。不施化肥和农药，保持原生态品质。

稻米营养积累期长，胚膜、胚芽富含膳食纤维、B族维生素、维生素E等多种矿物质。其米光洁如玉，晶莹透亮。煮饭黏而不腻，清香味甘；熬粥汤稠如乳。是理想的原生态健康食品。

■ 黄泥岭土鸡

土鸡采取原始方式饲养。选纯正的土鸡品种，采用母鸡孵蛋方式生产小鸡，野外放养，自由觅食，吃百草昆虫，辅之以五谷杂粮，不喂配合饲料和添加剂，保证了土鸡原生态品质。

在湖山黄泥岭已建"土鸡养殖基地"，并注册"黄泥岭"商标。纯正的土鸡，肉质细嫩，炖烩皆宜，其味鲜美，别具风味。

■ 七山头土猪

遂昌为浙西南国家级生态示范区，境内山高水长，海拔800米以上的村庄众多。山区里的农民养猪，仍保持着古老的熟饲料喂养方式。以山杂粮、青绿饲料和牧草为猪饲料，杜绝使用配合饲料和添加剂。为了保持"土猪"的生态品质，各村普遍建立农民专业合作社，对"土猪"实行"户籍化"管理，对仔猪的选购、饲养、防疫、出栏实行全程跟踪服务。同时建立"农户诚信联保机制"。土猪饲养期长，其肉质结实，少膻气，是不可多得的原生态食品。

■ 高山小黄牛

高山小黄牛，生长在海拔870米的高坪乡境内。高坪山地，地势高，光照足，生态环境优越。天然的高山台地，百草丰茂，给小黄牛的生长提供了绝好环境。放牧的牛，充满野性和活力，具有抗风雨、抗病疫等特点。牛肉富含蛋白质，且脂肪低，营养价值高，具有补气血、强筋骨的作用。膳用时与不同食材搭配，又有不同功效。牛肉炒番茄，是最佳的补血养颜、美容护肤食品，倍受女士青睐。牛肉配鹿

肉，补肾效果佳，适合肾虚和用脑过度的人群。牛肉药膳特有风味，牛肉与熟地、枸杞、桑葚烹饪成药膳，能改善肾虚引起的脱发。牛肉黄芪药膳，补气效果好。牛肉山药药膳，能强健骨骼。牛肉天麻药膳，可降血压。牛肉虫草药膳，可以提高人体免疫力。食牛筋，可强筋健骨，牛筋炖杜仲，可消除手足麻木，腰腿疼痛。高山小黄牛是一种妇孺、老幼皆宜的绿色食品。

■ 湖山有机鱼

湖山有机鱼产于乌溪江水库湖山库区，乌溪江渔业养殖公司利用库湾水面，采取"人放天养"的养殖模式，保持原生态品质。鱼苗经过5年自然生长期，所产鳙鱼、鲢鱼、鳜鱼、鲶鱼等优质品种，肉质雪白而细嫩，味道鲜美，营养丰富。所含的17种氨基酸比一般池塘所产的鱼高达8.8%。

■ 龙洋野蜂蜜

九龙山麓山高林密，四季花开，花粉植物资源丰富。蜂农把野蜜蜂收在蜂桶里，放置在田头地角，让野蜂自由去山中采蜜。待到秋后，蜂农从蜂巢中取蜜，滤去杂质，包装出售，是天然的绿色农产品。

野蜂蜜分春蜜、冬蜜两种，春蜜呈琥珀色，冬蜜呈结晶状乳白色。其蜜口感绵软细腻，甜味爽口柔和，余味清香持久，营养丰富。

■ 黄沙腰烤薯

烤薯出产于遂昌西南山区黄沙腰。制作工艺独特，选用大小均匀、红皮白心的"泰顺番薯"，经过清洗、蒸熟、去皮、烘焙、按、做扁、成型等工序，成品薯干色亮丝黄，晶莹剔透，食之甜润不腻，具有补虚气、益力气、健脾胃、强肾阴等药用价值和保健功能。

烤薯产地山高水秀，空气清新，无污染，生态环境优越。薯干采用传统加工工艺制作，采用严格的卫生监测和无菌真空包装，成为著名绿色的保健食品，曾多次获得浙江省农业产品博览会金奖。

■ 石练菊米

石练菊米产于遂昌石练镇的练溪两岸。清代药典《增广本草纲目》记载："处州出一种山中野菊，土人采其蕾而干之，如半粒绿豆大，甚香而轻圆黄亮，对败毒、散疗、祛风、清火、明目为第一，产于遂昌石练山。"

练溪两岸生态环境优越，无工业污染，采野菊米的花蕾，焙制而成，保持了原生态品质。产品远销美国、澳大利亚、马来西亚等国家和港台地区，被誉为"特色饮品"，遂昌被授予"中国菊米之乡"。

■ 龙谷丽人茶

遂昌山地土壤肥沃，酸碱度适中，是茶树一类的适生区，所产"龙谷丽人"茶叶，品质优良。其采制加工极为讲究，在清明前后至谷雨期间，采摘芽头肥壮匀齐的茶叶嫩尖，经摊青、杀

青、揉捻、整形、烘焙等工序，精心制作而成。其茶外形微曲似眉，色泽翠绿显毫，香气清幽，茶汤嫩绿清澈，滋味甘醇爽口。冲泡时，嫩芽直竖，亭亭玉立，似丽人曼舞，故名"龙谷丽人"。

■ 三井毛峰茶

三井毛峰为明朝贡茶，茶区生态环境得天独厚，山高水清，林壑幽深，常年云雾缭绕，盛产高山云雾茶。白马山区曾是贡茶的基地。三井毛峰采用传统工艺制作而成，条索肥壮多毫，香气清高持久，汤色嫩绿明亮，滋味香醇。

■ 白马山小竹笋

白马山为海拔1200多米的山地，山清水秀，群山环抱，环境优美，无"三废"污染。高山独特的环境及气候条件孕育了营养丰富、滋味特鲜的小竹笋。小竹笋洁白如玉，形似观音指，故称"玉笋"。据分析，白马玉笋富含天冬氨酸、谷氨酸及粗纤维、无机元素、糖分等，为众多食用笋之最。白马玉笋加工采用乳酸菌自然发酵工艺加工而成，是原汁原味的天然食品。

■ 山地生态蔬菜

遂昌地处浙江西南山区，是浙江省发展山地蔬菜的优势区域。全县3.7万亩山地，蔬菜分布在海拔500米以上的山区，夏季凉爽的气候、较大的昼夜温差和得天独厚的生态条件，使遂昌县山地生态蔬菜一直以"品质优、无公害"的口碑在省内外各大中城市的蔬菜批发市场走俏。

遂昌旅游综合信息

■交通信息

【高速公路】

遂昌县地处浙江省西南部，距杭州约230公里，距上海约420公里，交通便利，有龙丽高速经过遂昌。

【铁路】

遂昌距铁路较近的有龙游、丽水、金华、衢州等站，游客可根据自己的方位，选择合适的中转站中转，后经龙丽高速进入遂昌。

【航空】

民航衢州机场，距遂昌70多公里，行驶时间约1小时，路况良好。远地的游客可根据自己所处的方位，选择机场，后经高速到达遂昌。

自驾线路

【杭州——遂昌】

杭州市区——杭新景高速——龙丽高速——遂昌出口

全程约234公里，行驶时间约2小时20分。

【上海——遂昌（浙江段高速路线）】

上海——沪杭甬高速——杭新景高速——龙丽高速——遂昌站出口

全程约420公里，行驶时间约4小时。

【南京——遂昌】

南京市区——宁杭高速——杭宁高速——杭新景高速——龙丽高速——遂昌出口

全程约500公里，行驶时间约5小时30分。

【宁波——遂昌】

宁波市区——杭金衢高速——龙丽高速——遂昌站出口

全程约316公里，行驶时间约3小时30分。

【温州——遂昌】

温州市区——金丽温高速——丽龙高速——龙丽高速——遂昌东站出口

全程约181公里，行驶时间约2小时。

【湖州——遂昌】

湖州市区——杭宁高速——杭新景高速——龙丽高速——遂昌站出口

全程约314公里，行驶时间约3小时30分。

【嘉兴——遂昌】

嘉兴市区——沪杭甬高速——杭新景高速——龙丽高速——遂昌站出口

全程约324公里，行驶时间约3小时40分。

【台州——遂昌】

台州市区——甬台温高速——台金高速——金丽温高速——丽龙高速——龙丽高速——遂昌东站出口

全程约272公里，行驶时间约3小时。

【绍兴——遂昌】

绍兴市区——杭甬高速——杭金衢高速——龙丽高速——遂昌站出口

全程约295公里，行驶时间约3小时。

【金华——遂昌】

金华市区——杭金衢高速——龙丽高速——遂昌站出口

全程约119公里，行驶时间约1小时30分。

【舟山——遂昌】

舟山市区——沪杭甬高速——甬金高速——杭金衢高速——龙丽高速——遂昌站出口

全程约426公里　行驶时间约4小时45分。

【衢州——遂昌】

衢州市区——杭金衢高速——龙丽高速——遂昌站出口

全程约74公里，行驶时间约1小时。

各地到遂昌的汽车时刻表

起始站	发车时间	返回时间
上海	10:20	11:45
杭州	6:30 8:35 10:35 11:30 12:20 14:00 16:00 17:00	7:05 8:35 9:45 12:25 13:00 15:00 16:30 21:30
萧山	8:05 14:55	10:00 13:20
千岛湖	9:05（隔日过境车）	13:40（隔日过境车）
宁波	8:50【北仑6:20】	10:35【北仑8:20】
义乌	9:45 12:50 14:50	8:10 11:35 14:20
金华	8:00 12:40	6:50 12:40
湖州	10:30	10:25
柯桥	8:10	9:55
永康	6:10 13:30	8:00 12:30
武义	7:25 12:25	7:15 12:40
温州	9:40 13:40 15:10	7:15 9:50 13:25
瑞安	13:05	8:35
路桥	9:00	9:35
衢州	7:15 8:30 11:50 14:20 15:20 17:00	7:20 9:15 12:00 13:30 15:00 17:00
龙游	每隔30~40分钟一班车，首末班车为7：00-16：20	

跨县班车时刻表

起始站	发车时间	返回时间
龙泉	9:10 12:30	8:50 12:40
景宁	8:55 12:55	8:30 12:55
庆元	12:50（隔日过境车）	12:50（隔日过境车）
松阳	每隔20分钟一班，首末班车6:00-18:00	
丽水	07:10 07:55 08:30 09:00 09:30 10:05 10:45 11:25 12:00 12:45 13:25 14:05 14:30 15:00 15:30 16:15 16:50 17:40 18:40	

本县境内班车时刻表

班车方向	发车时间	首末班车
遂昌→北界	每隔20分钟一班	6:30-18:00
遂昌→大柘、石练	途经上旦 7:00 8:20 9:40 11:00 12:20 13:40 15:00 16:30	
遂昌→大柘/石练	每隔10分钟一班	6:05-18:00
遂昌→南尖岩	7:30 13:55	
遂昌→湖山	每隔20分钟一班（琴淤6:10 9:00 13:30 15:40）	6:30-17:20
遂昌→梭溪	途经北界10:50 12:40 13:40 途经兰蓬6:50 9:10 13:50 16:00	
遂昌→金竹	途经北界、梭溪7:10 14:50	

班车方向	发车时间	首末班车
遂昌→金竹	途经大柘，每隔20分钟一班 （叶村8:20 14:40 早坞15:00 长树源13:00）	6:30～17:20
遂昌→高坪	6:40 8:00 8:40 9:30 10:20 11:20 12:20 13:10 14:00 15:40 16:30	6:40～16:30
遂昌→白马山	途经远路口9:35 15:30 途经应村7:40 9:50 14:30 6:00	
遂昌→龙洋	7:30 8:20 9:10 11:00 12:00 15:00 17:00 （埠头洋13:00）	7:30～17:00
遂昌→王村口	每隔60分钟一班 （吴处10:00 14:00 关川6:40 途经神龙谷13:00）	7:30～17:00
遂昌→蔡源	11:20 15:30	
遂昌→坡口	（根竹口8:50 林山头10:30 坝头11:00 14:00 16:00 石柱12:50）	8:40～16:00
遂昌→社后	每隔20分钟一班	6:30～17:00
遂昌→马头	每隔20分钟一班（经过大桥连头）	6:50～17:30
遂昌→蕉川	8:20 16:00（经过小马步）	
遂昌→应村	天师石玄9:10 15:20 高业7:40 9:50 11:50 14:30 16:00	
遂昌→蔡源	11:20 15:30	
遂昌→黄沙腰	14:40（过路车有柘岱口、西畈等客车）	
遂昌→柘岱口	际下8:00 10:30 毛坦12:50 坑西6:30	
遂昌→西畈	8:40 11:30	
遂昌→小岱/金矿	7:50 9:00 10:40 12:15 13:50 16:00	
遂昌→千佛山（飞石岭）	每隔30分钟一班	6:30～17:00

汽车维修站点

店 名	地 址	联系电话
丽水市紧急维修援救公司		96520
遂昌县民信汽车修理厂	遂昌县妙高镇君子路200号	0578-8171777 13905786114
遂昌凯运机动车维修有限公司	遂昌县妙高镇金岸工业园区 29-164号（遂昌东出口右 转100米左右）	0578-8196198
遂昌县里程汽车维修中心	遂昌县妙高镇水阁村（遂昌 高速路口）	0578-8171897
遂昌县万顺小车修理厂	遂昌县妙高镇水阁路410号	0578-8199768
遂昌县隆昌汽车修理厂	遂昌县妙高镇前山路1号	0578-8124394
德众汽车销售服务有限公司	遂昌县妙高镇牡丹亭中路 598号	0578-8185836
同顺汽车修理服务中心	遂昌县妙高镇	0578-8171251
进口汽车修理厂	遂昌县妙高镇	0578-8123246
绿通汽车修理有限公司	遂昌县妙高镇	0578-8170558

加油站点

名　称	地　址	种　类	联系电话（0578）
中石化浙江遂昌前山加油站	遂昌县妙高镇君子路106号	93#、97#汽油、0#柴油，兼营润滑油	8123079
遂昌县华通汽运有限公司加油站	遂昌县妙高镇车站路41号	汽油、柴油、煤油	8123047
中石化遂昌妙高镇西门加油站	遂昌县妙高镇西门路45号	柴油	
中石化遂昌城中加油站	遂昌县妙高镇平昌路南侧下杭山村	90#、93#、97#汽油、兼营润滑油	8182659
浙江龙丽丽龙高速公路有限公司遂昌停车区加油站（东侧）	遂昌县妙高镇龙丽高速公路遂昌停车区内	93#、97#汽油、0#柴油，兼营润滑油	8121127
浙江龙丽丽龙高速公路有限公司遂昌停车区加油站（西侧）	遂昌县妙高镇龙丽高速公路遂昌停车区内	93#、97#汽油、0#柴油，兼营润滑油	812112

景区加油站点

名　称	地址	种　类	联系电话（0578）	景区（点）
中石化浙江遂昌新路湾加油站	遂昌县新路湾镇骑马兰	93#汽油、0#柴油、兼营润滑油	8122476	高坪万亩杜鹃长廊、高坪景区
中石化浙江遂昌上江加油站	遂昌县妙高镇上江村	93#汽油、0#柴油、兼营润滑油	8122476	竹炭博物馆、高坪景区、高坪万亩杜鹃长廊
中石化浙江遂昌城东石油商店	遂昌县妙高镇下杭口村	93#汽油、97#汽油、0#柴油，兼营润滑油	8122476	遂昌金矿国家矿山公园、长濂旅游度假村
遂昌华泰实业有限公司加油站	遂昌县妙高镇庄山村	汽油、柴油	8130446	遂昌金矿国家矿山公园、长濂旅游度假村
遂昌安口加油站	遂昌县安口朱口村	汽油、柴油	8348905	神龙谷景区
中石化浙江遂昌大柘加油站	遂昌县大柘镇通济路	93#汽油、0#柴油，兼营润滑油	8122476	南尖岩、千佛山、汤沐园温泉、红星坪温泉度假村、乌溪江漂流、红色古镇
遂昌县石练镇鸭口门加油站	遂昌县石练镇鸭口门	汽油、柴油	8268567	南尖岩、千佛山、乌溪江漂流、红色古镇
遂昌县石练誉福加油站	遂昌县石练镇五雷街（中街）	汽油、柴油、润滑油	8269810	
遂昌县石练南街加油站	遂昌县石练镇南街	90#汽油、0#柴油	8268190	
遂昌湖山加油站	遂昌湖山乡车站	汽油、柴油	8156189	红星坪温泉度假村、湖山森林公园

（以上表格内信息仅供参考，若有变化，以实际情况为准）

■食宿信息

宾馆饭店

【元立国际饭店】★★★★

遂昌元立国际饭店，位于遂昌县城中心东街95号，是四星级饭店。拥有标准房、单人房、豪华套房、商务行政房等各类客房共119间（套）；设有古色古香的宴会厅1个，装修豪华、风格各异的包厢19个，共计餐位800余个；大型会议室可容纳300人，中小型会议室可容纳12～70人；配有大堂吧、休闲咖啡厅、多功能厅等。停车场、会议中心、商务中心、精品商场、棋牌室、健身房、KTV包厢等服务一应俱全，是您商务会议和休闲娱乐的好去处。

联系电话：0578-8190999

【凯恩大酒店】★★★

凯恩大酒店位于遂昌县城中心北街1号，为三星级商务酒店。主楼高19层，是遂昌县地标建筑，登楼远眺，遂昌全景尽收眼底。酒店拥有140间（套）豪华、商务、行政客房；15个风格各异、经典豪华的中式包厢；可容纳400人同时用餐的多功能宴会厅；3个可容纳30～120人的会议室。旅行社、商务中心、西餐咖啡吧、桑拿、足浴、卡拉OK、美容美发等配套设施一应齐全。

联系电话：0578-8188888

【皇廷商务宾馆】

皇廷商务宾馆位于县城梅溪路1号，是以时尚、现代的风格装修的商务宾馆，现有标房、休闲房、淑女房、公主房、日式房、复式房、欧式套房等共80余间，每个房间不同的装修风格给您宾至如归的感觉。

联系电话：0578-8179999

【汤公度假酒店】★★★

遂昌汤公度假酒店位于龙丽高速遂昌出口，即遂昌县城君子路与水阁路交叉口，是一家集住宿、餐饮、会议为一体的综合性商务酒店。酒店地理位置优越，环境优美，景色迷人，交通便利。酒店拥有精品套间、豪华间、商务间、标准间等客房93间（套）。人性化的装饰，独特的商务气质，尽显时尚前卫，彰显浪漫风情。酒店还拥有装饰高雅、文化气息浓厚的特色就餐包厢十余间，大厅可同时容纳300人就餐，并配套停车场、商务中心、美容/美发场所、可容纳40~60人的会议室。

联系电话：0578-8111111

【遂昌宾馆】★★

遂昌宾馆，位于遂昌县城中心东街40号。区位紧邻县府大楼、县中心广场，交通便利。新装修的遂昌宾馆设施完善，环境优美。主楼高8层，副楼高5层，拥有各类豪华舒适的客房70余间（套），中餐厅可同时接待600人就餐。并设有会议室，是一家集会务、休闲、餐饮于一体的综合型宾馆。

联系电话：0578-8128888

【皇家白马大酒店】★★

白马大酒店位于遂昌县城车站路82号，为二星级酒店，交通便利，环境舒适。设有套房、标准房共67间，用餐包厢15个，宴会大厅可容纳300人同时就餐，并配套会议中心、歌舞厅、桑拿中心、商务中心以及中型停车场。

联系电话：0578-8190388

【华侨天溢大酒店】

遂昌华侨天溢大酒店位于遂昌城东龙潭（牡丹亭中路8号），是集餐饮、客房、会议、娱乐为一体的商务会议型酒店；酒店地理位置优越，交通便利，环境幽雅，依山傍水。

酒店为游客提供大小风格迥异的各类餐厅，提供具有遂昌特色的农家菜肴，共有餐位约1000个。酒店拥有各类特色客房156个，其中女宾房、温馨家庭房（五床位、三床位）为您提供更具有人性化的房型选择。酒店拥有多个不同规格的现代化会议室、接见室，内配有最新科技的专业视频设备，引进全新的设计理念。遂昌华侨天溢大酒店"以人为本、顾客第一"的经营管理理念，为您提供舒适、温馨、个性的服务。

联系电话：0578-8528888

地址：遂昌县牡丹亭中路8号

【柏林大酒店】

遂昌柏林大酒店是由中德合资，集客房、餐饮、会务、商务、康乐、旅游接待为一体的多功能、现代化商旅大酒店；地处县城中心繁华地段，距离县客运中心仅200米，距县府广场400米，交通十分便利。

酒店主楼和副楼面积6000余平方米，拥有各类豪华、风情时尚的客房90余间；餐饮豪华包厢、时尚零点餐厅、无柱宴会多功能厅可同时容纳500多人用餐；600多平方米的柏林足道休闲养生会所集足浴、推拿、SPA于一体，是遂昌一座综合性的现代化商旅大酒店。

联系电话：0578-8399999

【凯兴假日酒店】

遂昌凯兴假日酒店总建筑面积8300多平方米，是丽水唯一一家带室内外游泳池，并集餐饮、住宿、健身、足疗、棋牌为一体的精品商务酒店。室外国际标准的八道泳池，是专业比赛的理想场所。住店客人可免费使用室内游泳池。酒店有56个客房，装修豪华、环境舒适。设有宴会厅、包厢22间，可同时容纳800多位宾客就餐，可提供各种名菜及各式风味小吃、精致菜品。酒店各项服务设施布局合理，体现人性化的配置。另设不同规模的会议室及VIP接待室，是商务会议、产品推介以及新闻发布的理想场所。

联系电话：0578-8177777　地址：遂昌县园丁路2号

其他宾馆酒店

名称	地址	联系电话（0578）	特色
米乐商务宾馆	县城水亭路1号	8555888	装修典雅，设计独特
假日之星宾馆	县城凯恩路6号	8266888	环境优美，交通便捷
锦江之星宾馆	县城君子路3号	8190568	交通便利，设施齐全
弗兰he快捷宾馆	县城凯恩路198号	8132999	经济型宾馆
海天大酒店	县城君子路18号	8190788	经济型酒店
良友宾馆	县城平昌路1号	8126488	综合性商务宾馆
望江宾馆	县平昌广场对岸	8127798	环境优美，闹中取静

■ 特色餐饮店

【汤公酒楼】坐落在遂昌县府广场青云小区，地处中心繁华地段，交通便利。酒楼占地2500余平方米，内设面积90余平方米、可容20余人用餐的豪华包厢以及格调各异的包厢30余个，宴会大厅可同时容纳400余人进餐。汤公酒楼秉承汤显祖文化，着力打造汤公文化品牌。酒楼倾力推出"汤公宴"、独门秘诀"龙谷茶香鸡"、"汤公脆皮鸡"等传统名菜，并推出"平昌长粽，遂昌发糕"黄金香盏等风味独特的地方小吃。酒楼特设《牡丹亭》折子戏、遂昌昆曲十番、古筝演奏等特色文化服务，让您在品味佳肴的同时，感受浓浓的乡情和悠久的文化。

联系电话：0578-8110777

【李家厨房】位于遂昌宾馆二楼，装饰简约清雅，让您领略经典的江南情怀。各式豪华包厢，优雅舒适。大厅可同时容纳360人就餐，精致宽敞，是朋友聚会、随意小酌的理想场所。菜品以苏、浙精致菜系为主，融合蜀菜之浓郁精华，呈现不同风味菜肴的特点，集膳食养身和绿色健康为一体。使您在餐饮的同时享受文化的气息。

联系电话：0578-8190288

【济公粗菜坊】位于遂昌县城东龙潭路，距县城客运中心约2公里，交通便利，停车方便。致力于打造遂昌特色传统土菜餐饮品牌，推出的神龙农家捆肉获遂昌名菜金奖，原味山药面、济公牛头、济公烤羊入选遂昌十大名菜，这些遂昌特色农家菜肴已成为外地宾客的最爱。粗菜坊有大厅和包厢共20余间，可同时接待200余人用餐。

联系电话：0578-8130356

【焦滩春凤鱼头馆】位于遂昌县妙高街道平昌路270号，环境优雅，交通方便，停车场地宽敞。设有用餐大厅和多间包厢，可供200余人同时就餐。传统正宗焦滩鱼头火锅、梅干菜烧肉等特色农家小炒风味独特，深受广大顾客的喜爱。酒店还配有棋牌休闲娱乐设施以及21间标准客房。

联系电话：0578-8132708

■ 特色菜肴

【瓦罐飞云鸡】

放养飞云鸡，配以山药、党参、生姜。用瓦罐小火慢炖。味醇鲜美，营养丰富，有滋补养生的功效。

【高坪土黄牛蹄】

高坪土黄牛蹄，用锅煮透，配以大蒜、生姜、辣椒、料酒焖烧。其肉鲜嫩不腻，柔韧劲道，香辣可口；汤醇清香，营养丰富，富含原胶蛋白，有强筋健骨的功效。

【桃源生态羊肉锅】

土山羊，入锅生炒，辅以胡萝卜、生姜、当归、蒜苗、红糖、料酒、辣椒焖熟，其汤鲜肉美，香气浓郁。羊肉蛋白质含量高，脂肪、胆固醇含量低，营养丰富，有壮阳健补的作用。

【炒溪鱼】

野生石斑鱼，腌制后，用油炸至金黄色，辅以大蒜、葱苗、姜丝、料酒、酱油、辣椒翻炒，再加薄荷，味道鲜美，香醇可口。石斑鱼富含蛋白质、氨基酸、微量元素和多种维生素，营养丰富。

【焦滩鱼头】

用乌溪江大头鱼头、农家豆腐、黄瓜，配以辣椒、生姜、大蒜、酱油、料酒，加薄荷、紫苏，煮熟后，置入火锅煮食，鲜味可口，味道醇厚，风味独特。大头鱼有温中益气、暖胃、润肤等功能，豆腐富含蛋白质和多种维生素，具有较高的营养价值。

【鞭笋火锅】

用竹鞭笋、火腿，辅以高汤、料酒、葱白等，放入高汤中煮熟。口感清香，味道鲜美。鞭笋纤维素含量高，火腿含丰富的蛋白质和适度的脂肪，还含有多种维生素、矿物质、多种氨基酸，营养价值极高。

【火腿冬笋煲】

用冬笋、火腿、雪菜，佐以色拉油、鸡精、盐、料酒、干辣椒，文火煨煮，味道鲜美极致，富含纤维素、蛋白质和脂肪酸，具有爽胃益气的作用。

【农家土鸡煲】

用农家土鸡、嫩玉米，辅以姜、料酒、盐，炖透，其鸡肉鲜美不腻，汤鲜味清香，具有农家特色。可以滋阴补肾、开胃益智、宁心活血、调理中气，营养丰富。

【药膳猪手】

以七山头土猪脚，加生姜、料酒，用锅翻炒，辅以湿沥茶（草药）汤、红枣、枸子、土鸡蛋，大火烧开，小火慢炖至酥烂即成。其药味香浓，猪脚香糯，食而不腻，让人垂涎欲滴。

【绿谷红烧肉】

用七山头土猪肉、笋干、青鱼干，辅以料酒，经过多道工序，长达3~4小时的炒、炖，其肉肥而不腻，笋干、鱼干瘦而不柴，其味鲜美，形色俱佳。

【仙草豆腐】

取新鲜豆腐樵叶，洗净、捣烂，沥取绿色叶汁，加入碱水，调匀，即凝成豆腐状。仙草豆腐色泽鲜绿，口味清香，别具风味。具有清热解毒的药用功效，有化痰、清瘀、凉血等作用。

五行遂昌 风光集萃